Xavier Cornabat.
Contrôl^r du Matériel fixe.
Chemin de fer d'Orléans.

E. Dillon

CHEMIN DE FER D'ORLÉANS

RÉSEAU EXPLOITÉ

VOIE

CARNET DES TYPES

d'Appareils, Outils et Installations diverses

TSK

Tu 12/70

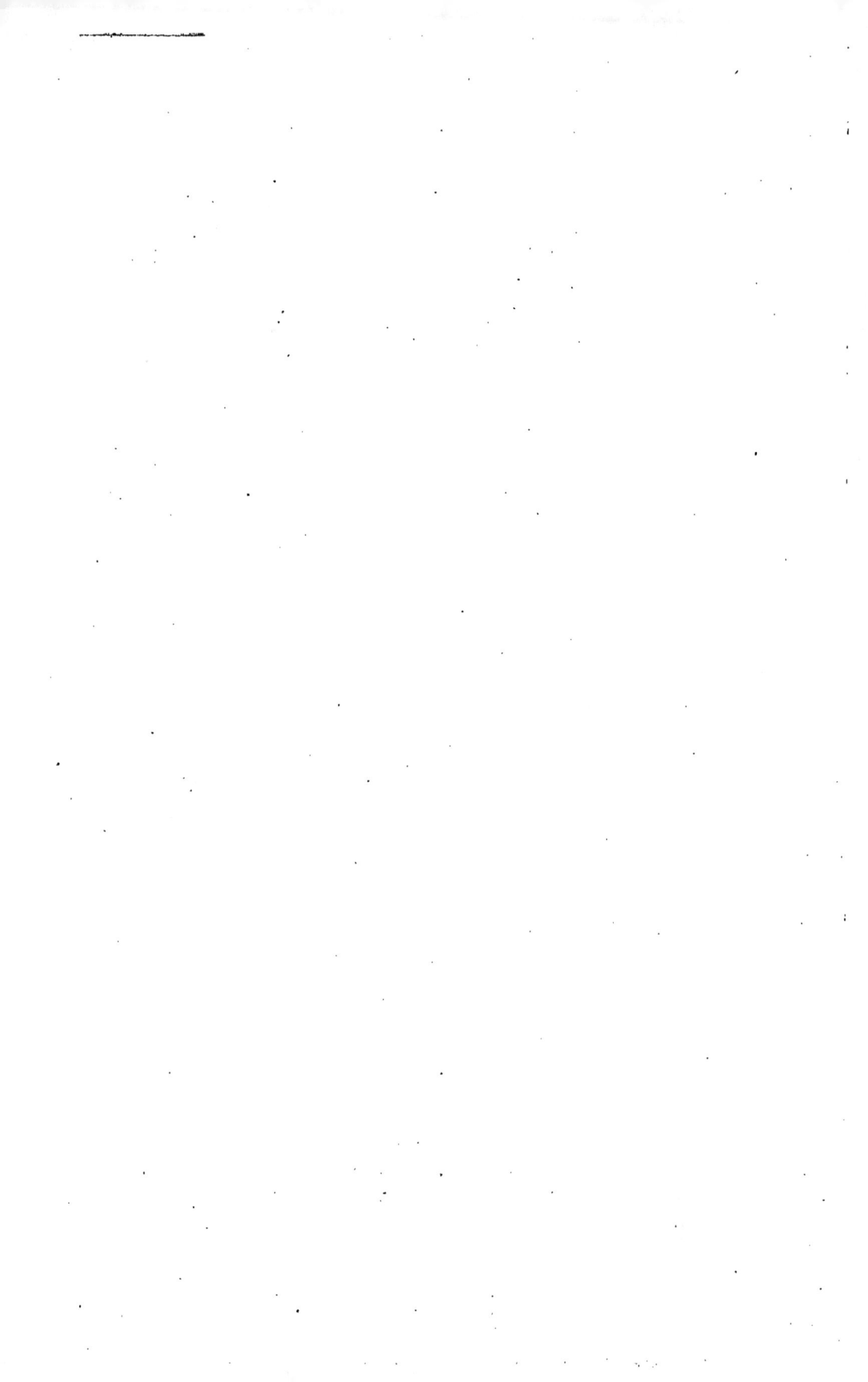

TABLE

VOIES

CHANGEMENTS, CROISEMENTS ET TRAVERSÉES
en rails à double champignon

CHANGEMENTS ET CROISEMENTS EN RAILS VIGNOLE

PLAQUES – TOURNANTES

MATS-DE-SIGNAUX

BARRIÈRE DE PASSAGES A NIVEAU

ALIMENTATION D'EAU

OUTILLAGE

DESSINS DIVERS

Gravé et Imp.é par P.Méa, r. St Victor, 70, Paris.

Pl.1.

Coussinet ordinaire.

Coin.

Chevillette.
Echelle ½.

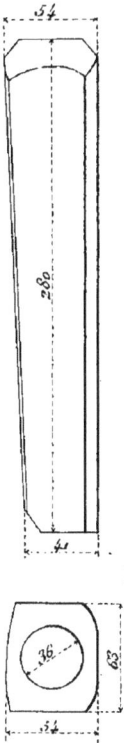

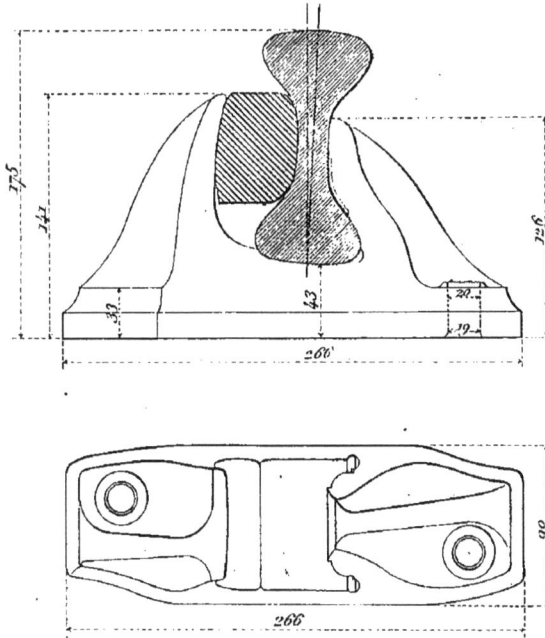

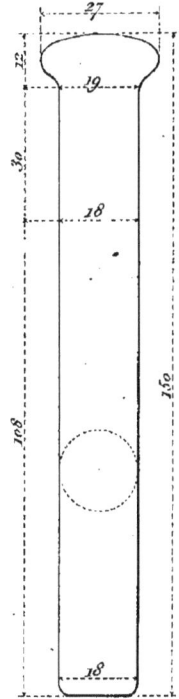

Echelle de 0ᵐ20 p. mètre.

Eclissage en porte-à-faux.

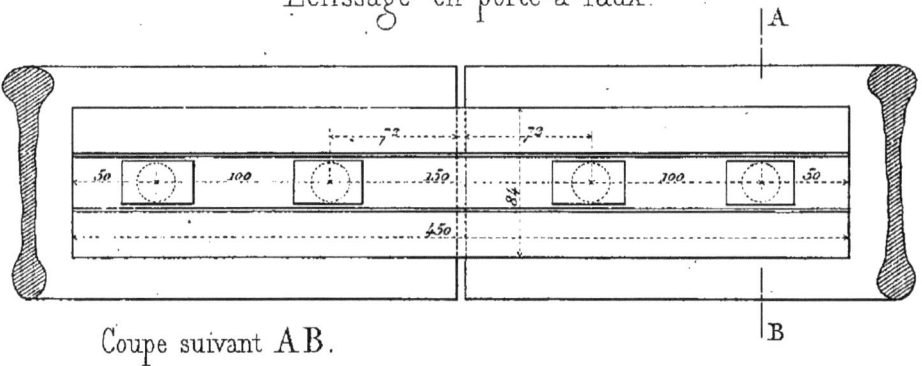

A

B

Coupe suivant AB.

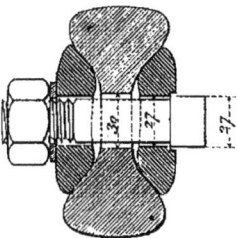

Boulon d'éclisse.

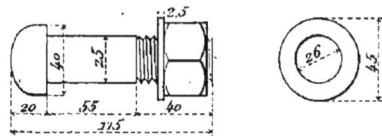

Pl. 2.

VOIE AVEC RAILS A DOUBLE CHAMPIGNON.

Profil du Balastage

Echelle de 0ᵐ 02

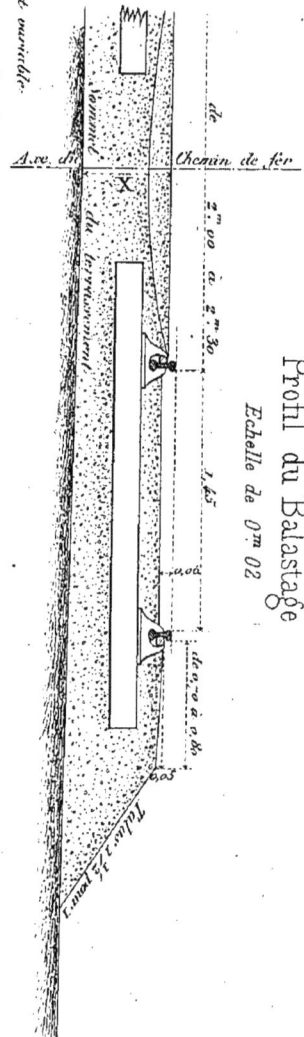

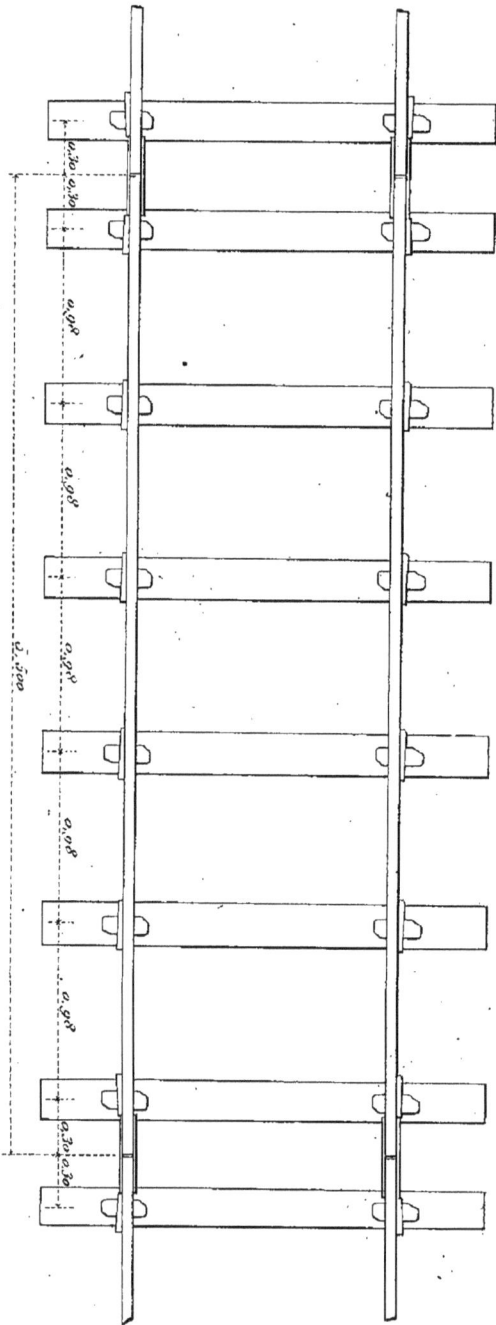

Plan de pose.

Nota: La cote X est variable suivant la nature du sol.

Pl. 3.

Coussinet de passage à niveau

Echelle de 0ᵐ20 p. mètre.

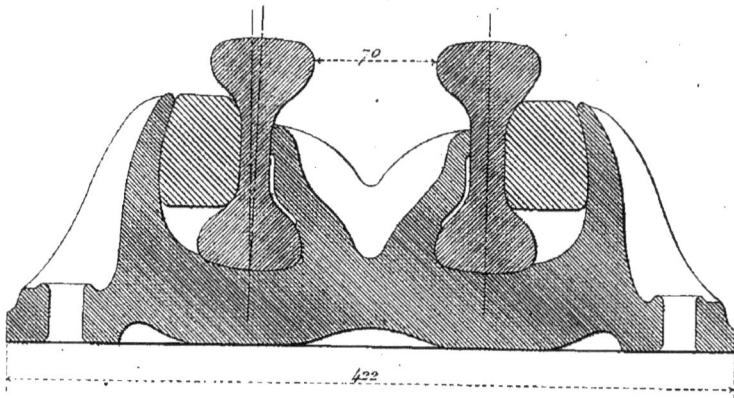

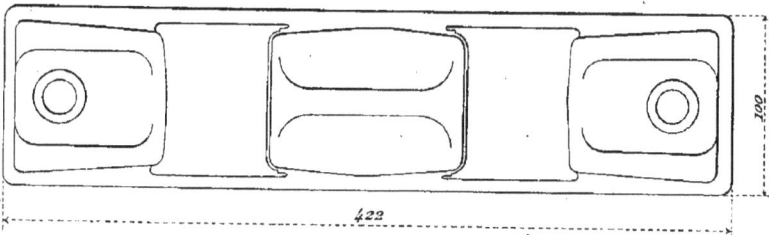

Voie en passage à niveau en rails à double champignon

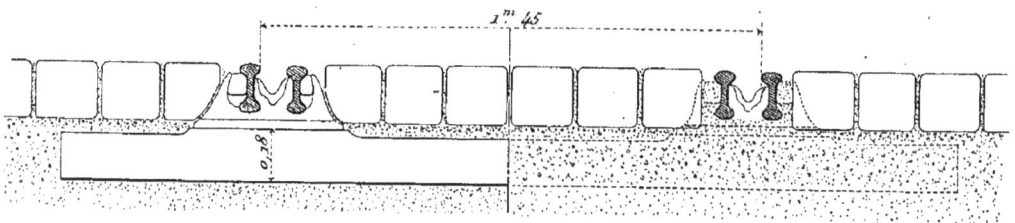

Voie en passage à niveau en rails Vignole

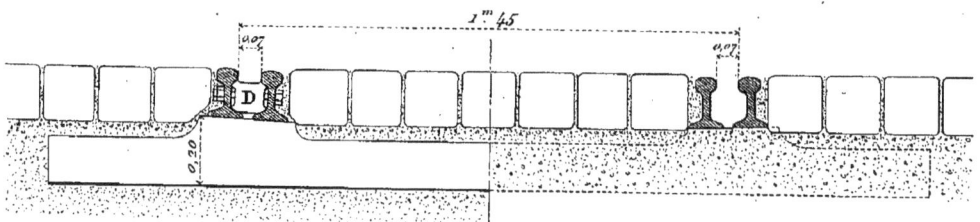

Echelle de 0ᵐ04 p. mètre.

Pl. 4.

Coussinet ordinaire.

modèle arrêté en 1873.

Crampon

pour voie Vignole.

Echelle ¹/₂.

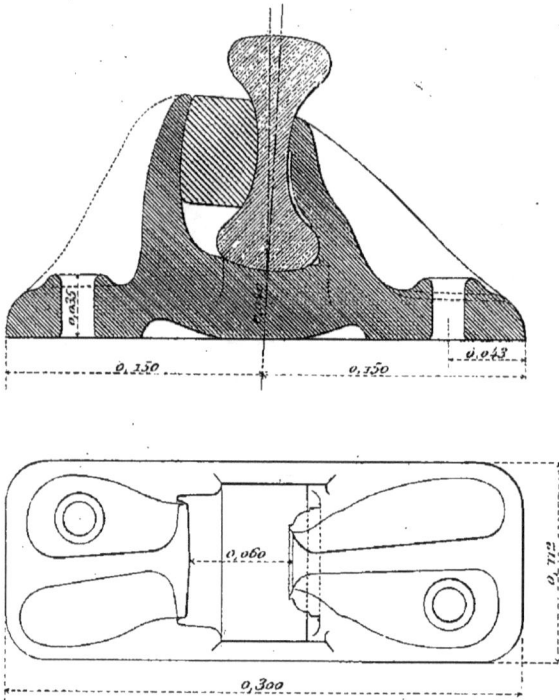

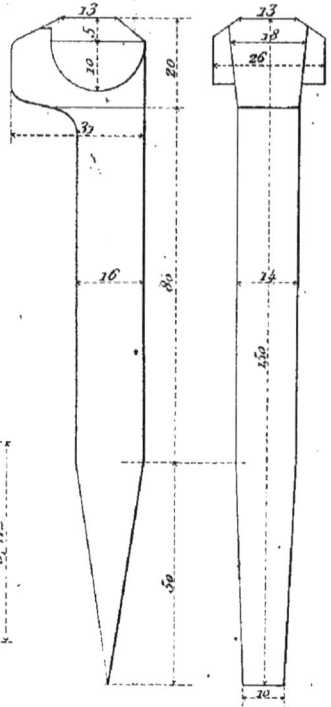

VOIE VIGNOLE.

Eclissage.

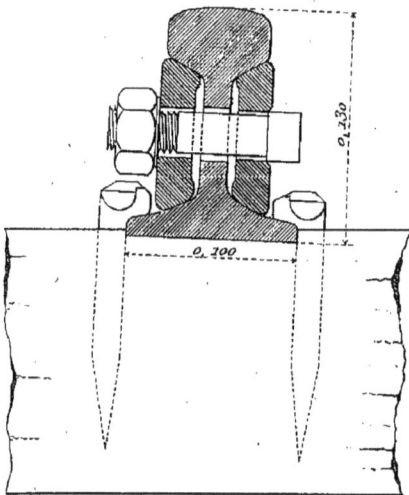

Echancrures.

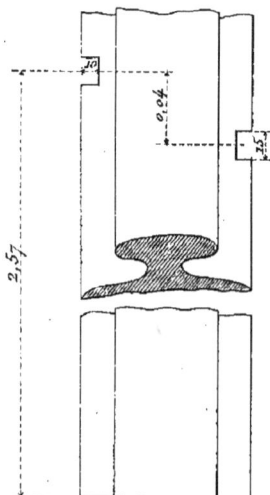

Nota : *L'éclissage des rails vignole ne diffère de celui des rails à double champignon que par le profil de l'éclisse.*

Echelle de 0ᵐ20 p. mètre.

Pl. 5.

VOIE AVEC RAILS VIGNOLE.

Profil du balastage.
Echelle de 0ᵐ 02.

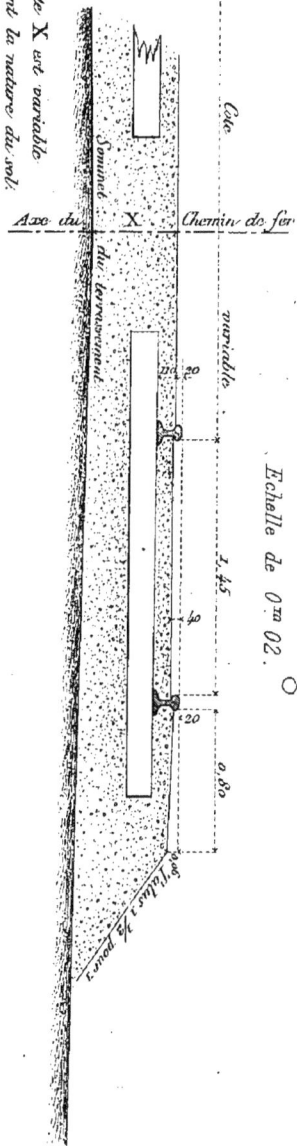

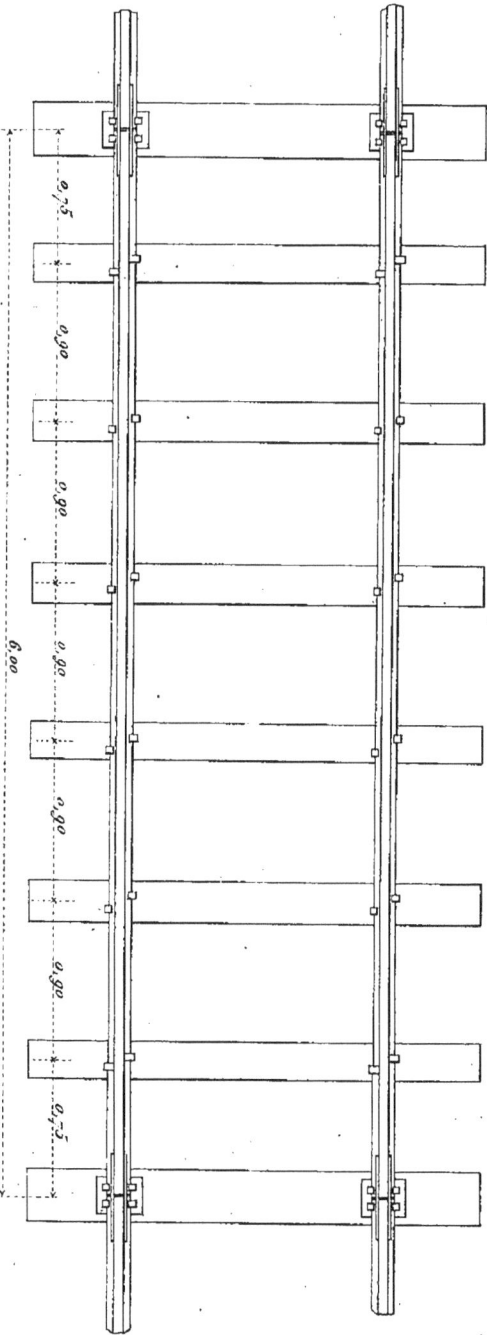

Axe du   X   Chemin de fer

Cote

variable

Sommet du terrassement

Nota: La cote X est variable
suivant la nature du sol.

Plan de pose.

Pl. 6.

LEVIER DE MANŒUVRE DE CHANGEMENT DE VOIE.

Profil et Coupe

0.94

Élévation.

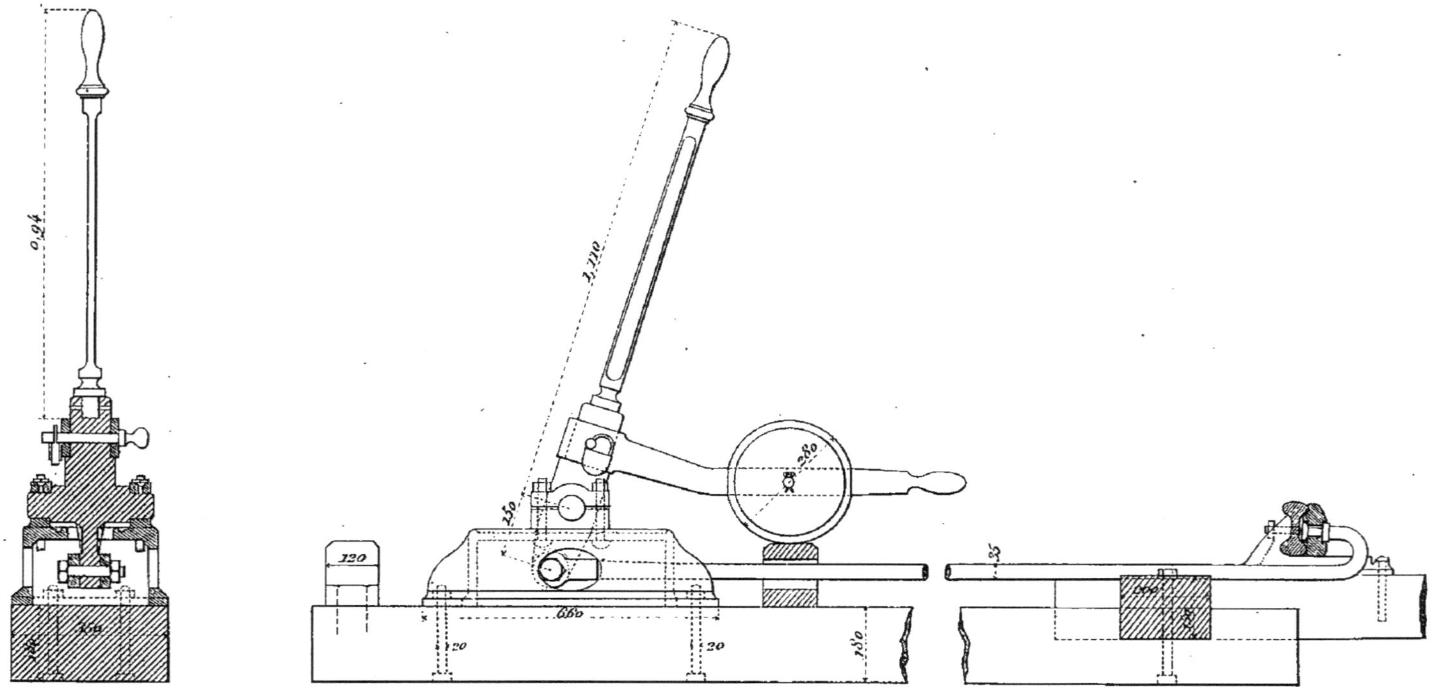

Echelle de 0ᵐ 05 p. mètre.

Pl. 7.

CHANGEMENT DE VOIE SIMPLE AVEC AIGUILLES RECTANGULAIRES EN ACIER.

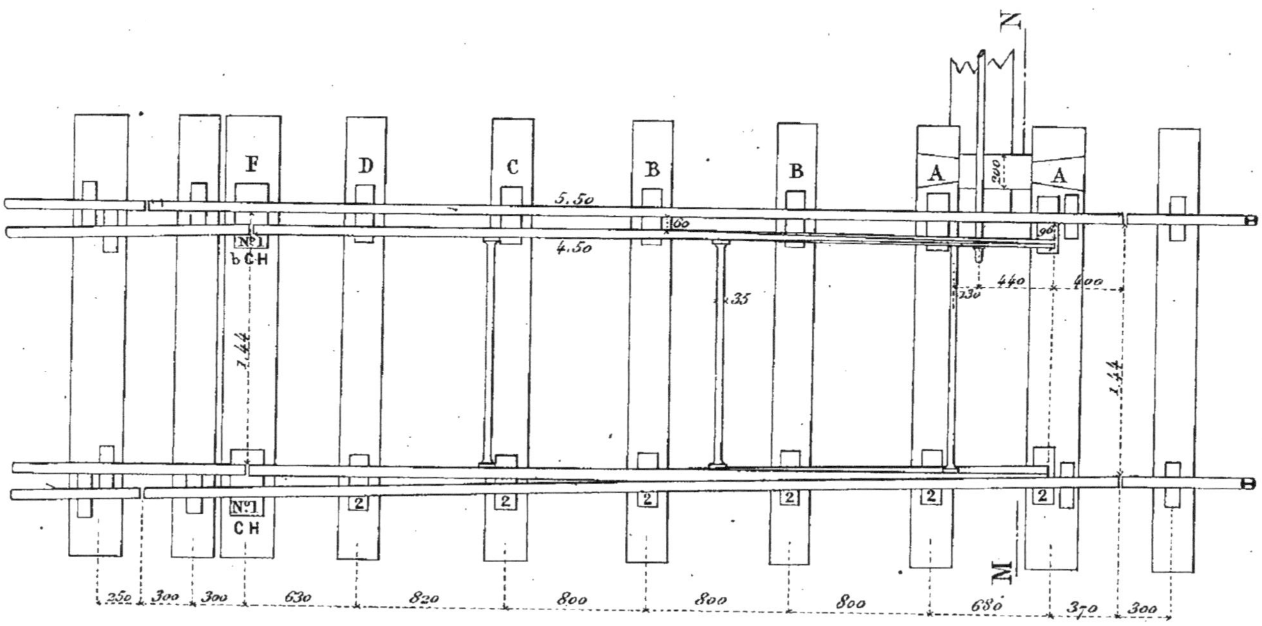

Echelle de 0^m 02 p. mètre

Coupe suivant M·N.

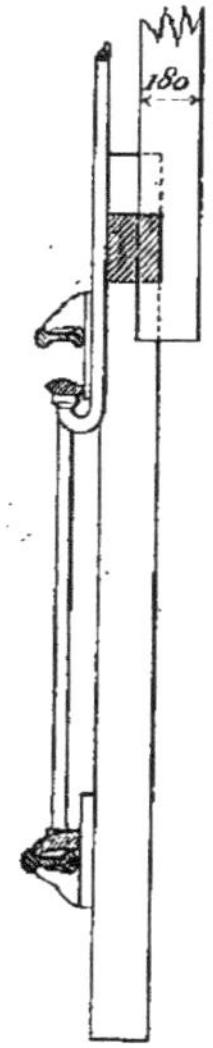

Pl. 8.

Tableau *des coussinets et des boulons spéciaux du Changement de voie simple à aiguilles rectangulaires en acier.*

Désignation.	Nombre employé.	Observations.
Nº 1 C H	1	*Coussinets de talon* (1 à droite et 1 à gauche)
Nº 1ᵇ C H	1	
Nº 2 C H	12	*Coussinets de glissière*
A	4	*Boulons de coussinets de glissière*
B	4	*id id id*
C	2	*Boulons de calage s'appliquant aux*
D	2	*coussinets de glissière*
F	2	*Boulons des coussinets de talons.*

Coussinet de talon, Modèle Nº 1 C H.

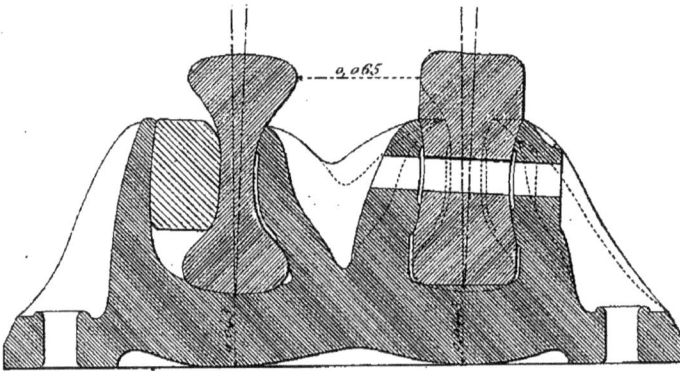

0,065

Plan.

0,390

0,390

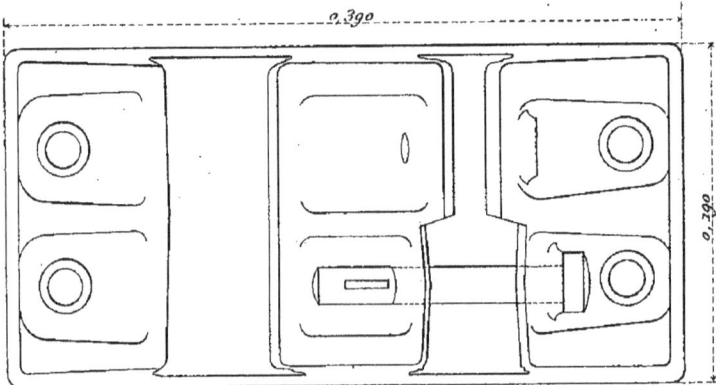

Nota: *Il faut 2 modèles, un à droite et un à gauche.*

Echelle de 0ᵐ 20 p. mètre.

Pl. 9.

Coussinet de glissière, Modèle N°. 2 CH.

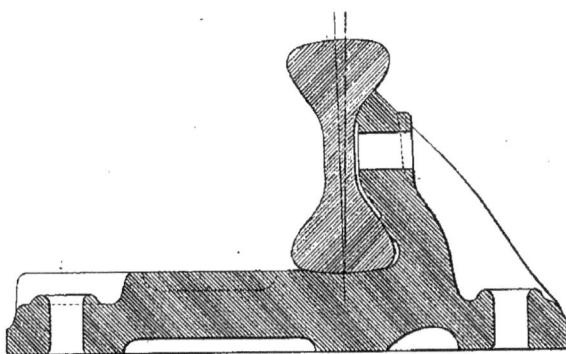

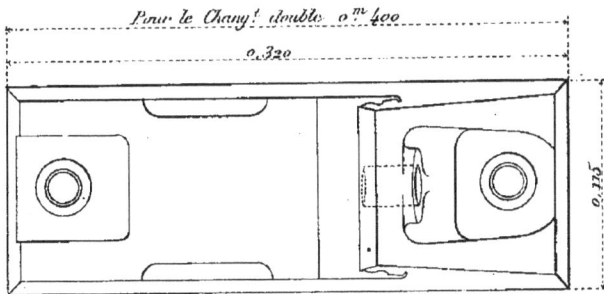

Pour le Chang.t double 0.m 400

0.320

0.115

Boulon A.

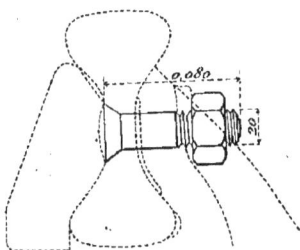

0.080

20

Boulon B.

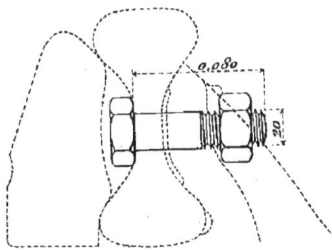

0.080

20

Boulon F.

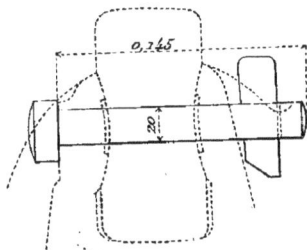

0.145

20

Boulon C.

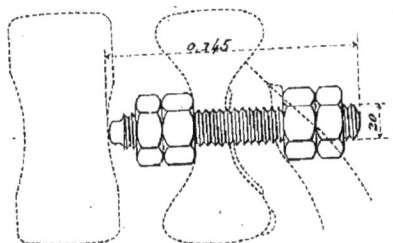

0.145

20

Boulon D.

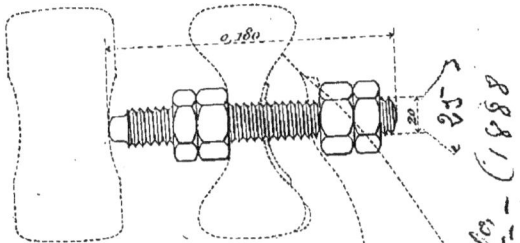

0.180

20

25

(1888)

Echelle de 0.m 20 p. mètre.

Pl. 10.

CROISEMENT DE VOIE EN RAILS RECTANGULAIRES ET A DOUBLE CHAMPIGNON.

(Pente de 0ᵐ 10)

Ensemble

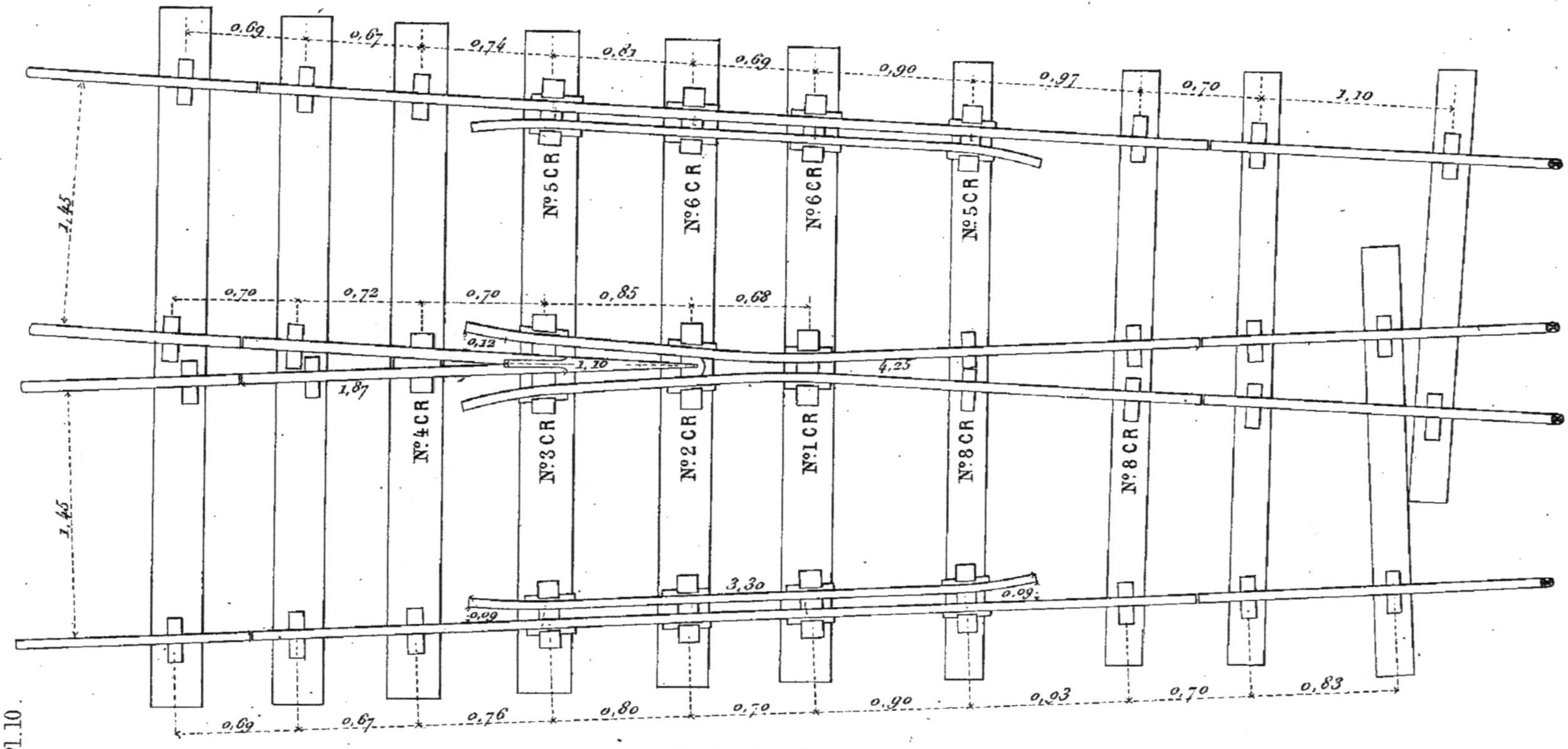

Echelle de 0ᵐ 02 p. mètre

Nᵒ 4 CR
Nᵒ 3 CR   Nᵒ 5 CR
Nᵒ 2 CR   Nᵒ 6 CR
Nᵒ 1 CR   Nᵒ 6 CR
Nᵒ 8 CR   Nᵒ 5 CR
Nᵒ 8 CR

Pl. 11.

CROISEMENT DE VOIE EN RAILS RECTANGULAIRES ET A DOUBLE CHAMPIGNON.

Pointe de cœur (*Pente de 0ᵐ10*)

Echelle de 0ᵐ05 p. mètre

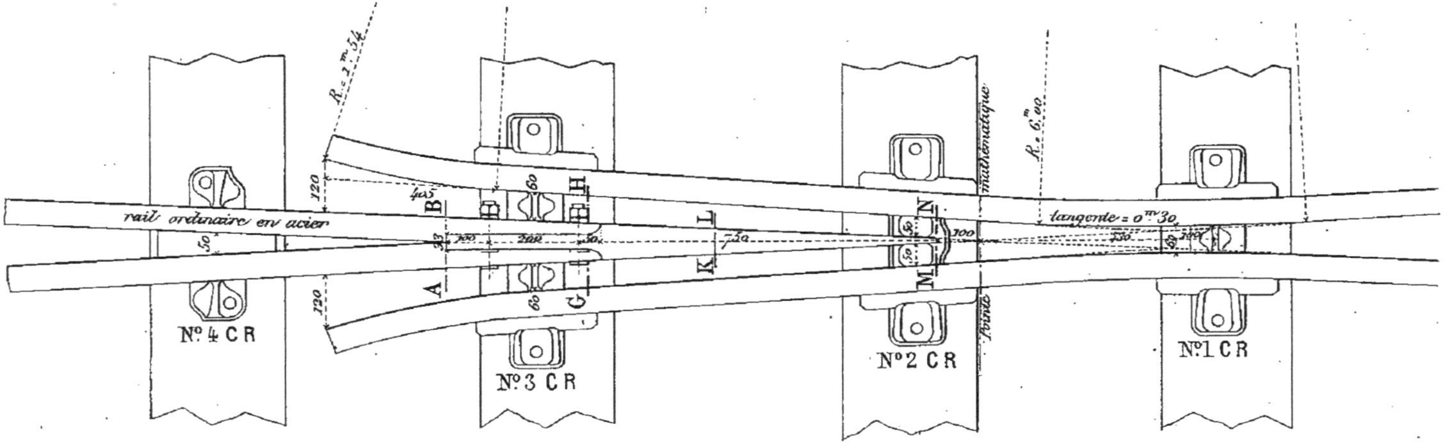

Coupe A B.

Coupe G H.

Coupe K L.

Coupe M N.

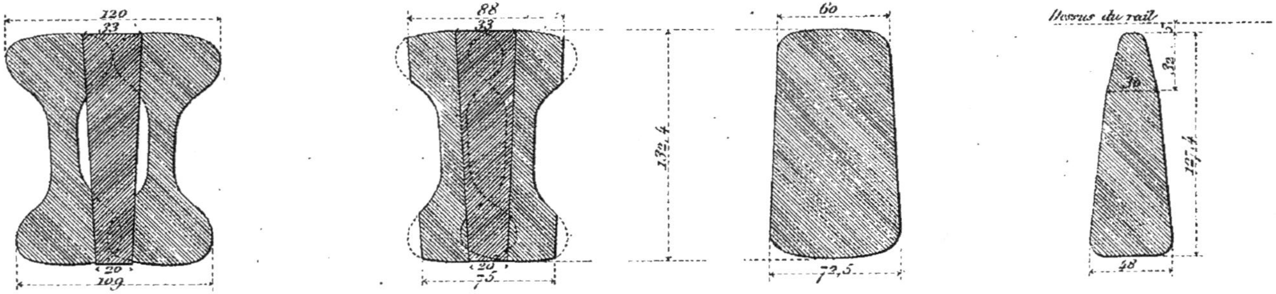

Echelle de 0ᵐ20 p. mètre

Nº 4 C R

Nº 3 C R

Nº 2 C R

Nº 1 C R

rail ordinaire en acier

R = 2ᵐ,54

R = 6ᵐ,00

tangente = 0ᵐ,30

Pointe mathématique

A   B

E

G   H

K   L

M   N

120   120

50

60   60

129

130

23

Pl. 12.

Coussinet N.º 1 C R.

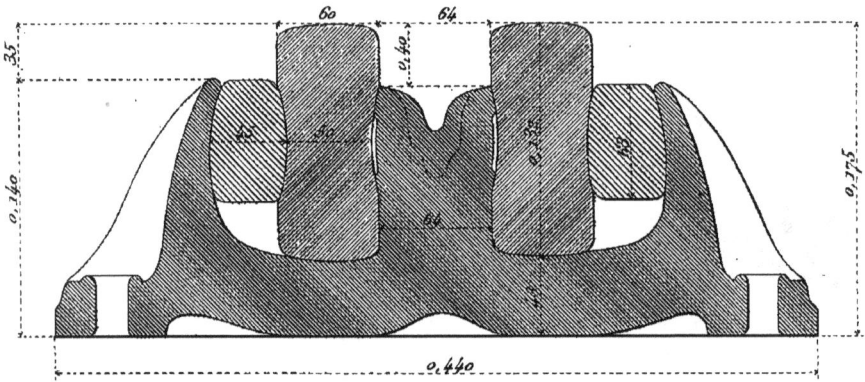

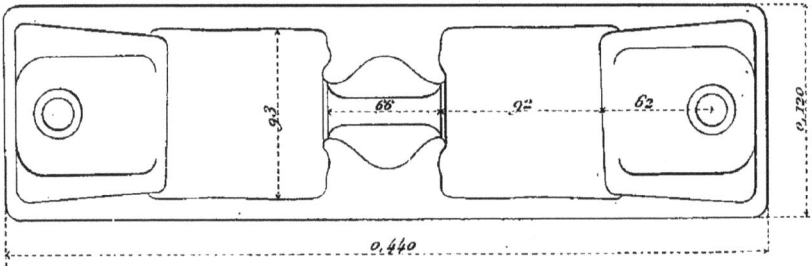

Coussinet N.º 2 C R

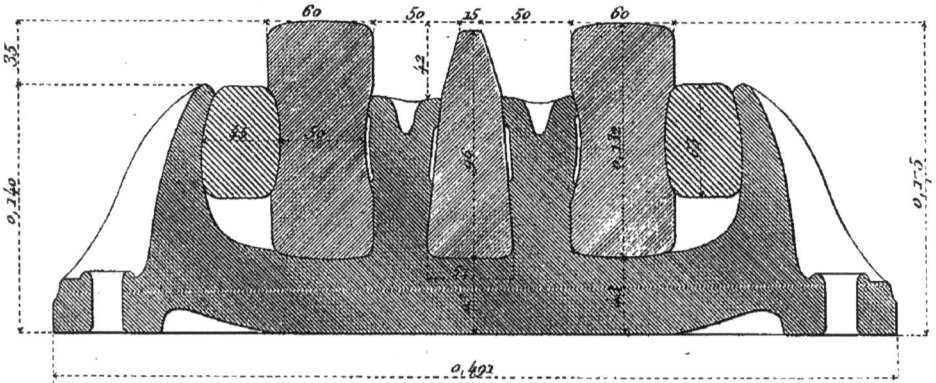

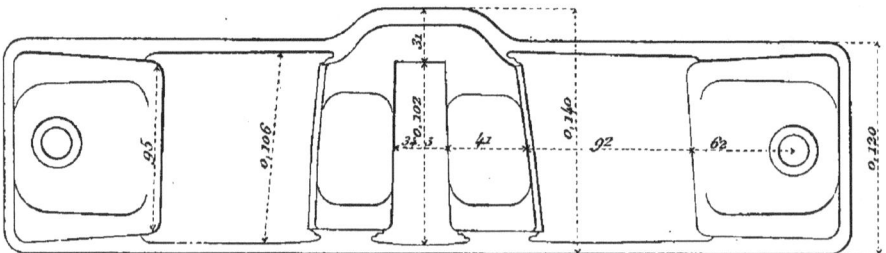

Echelle de 0ᵐ 20 p. mètre.

Pl. 13.

Coussinet. Modèle N° 3 C R.

Echelle de 0.^{m} 20 p. mètre.

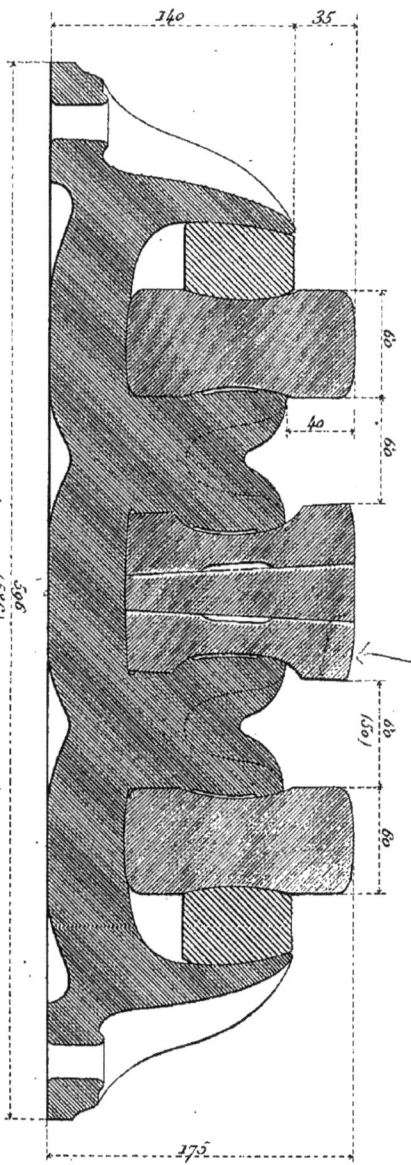

Nota: Les cotes entre parenthèses s'appliquent aux modèles N° 3 T R et N° 3 b T R.

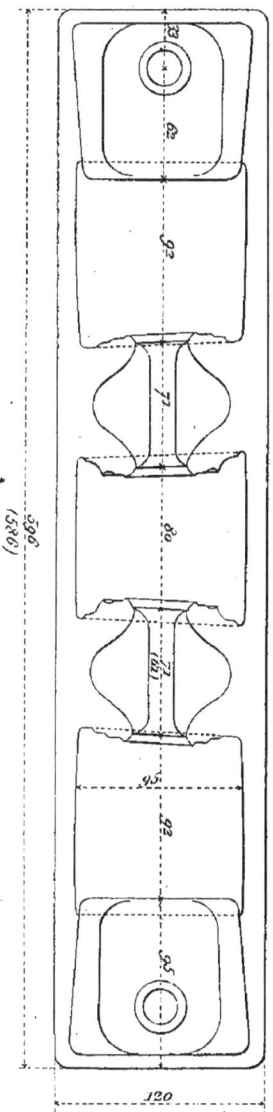

140   35

60   60

40

60
(60)

60

596
(586)

596
(586)

175

120

63   62

92

72

60

72
(60)

93   92

95

Pl. 14.

Coussinet, Modèle N.º 4 C R

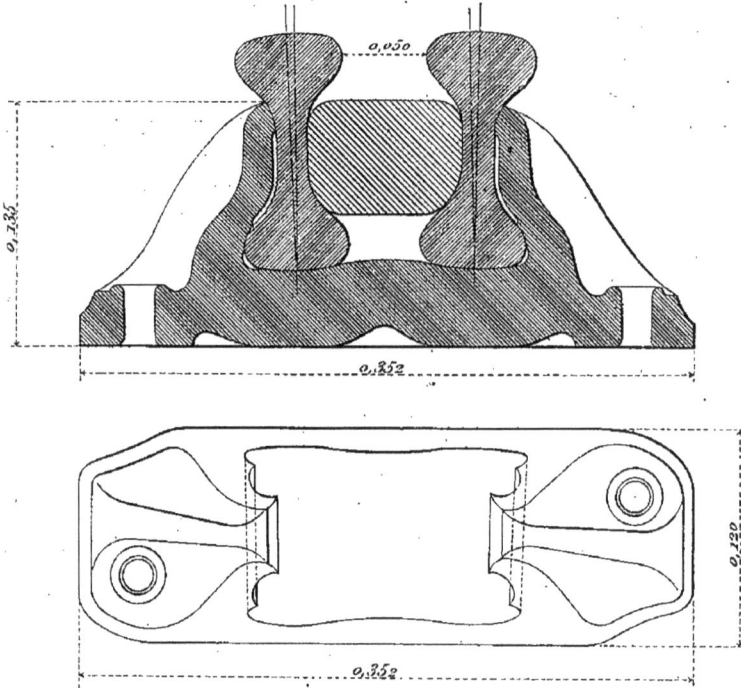

Coussinet, Modèle N.º 5 et 6 C R

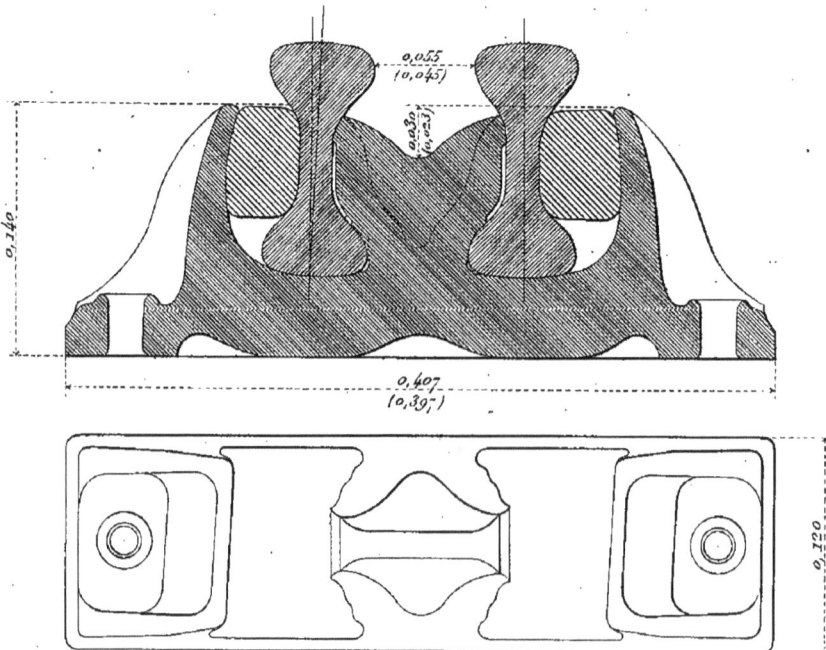

Nota : Les cotes entre parenthèses s'appliquent au modèle 6 C R

Echelle de 0.20 p. mètre.

Pl.15.

Tableau *des coussinets et boulons spéciaux du Croisement de voie.*

(Pente de 0ᵐ10)

Désignation	Nombre employé	Observations
Nº 1 C R	1	
Nº 2 C R	1	
Nº 3 C R	1	
Nº 4 C R	1	
Nº 5 C R	4	
Nº 6 C R	4	
Nº 7 C R	pour Mémoire	*le coussinet ne s'emploie que dans le croisement de voie non éclissée.*
Nº 8 C R	4	
Eclisses spéc.les	4	
Boulons spéc.x	2	*Assemblage de la Pointe 1 de 0ᵐ130 1 de 0ᵐ110*
	6	*Assemblage des Eclisses*

Coussinet Nº 8 C R

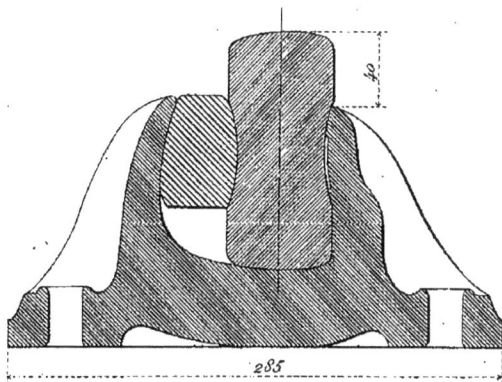

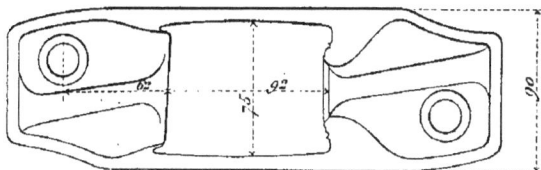

Echelle de 0ᵐ20 p. mètre.

Pl. 16.

CROISEMENT DE VOIE EN RAILS RECTANGULAIRES ET A DOUBLE CHAMPIGNON.

Pente de 0ᵐ 14.

Ensemble.

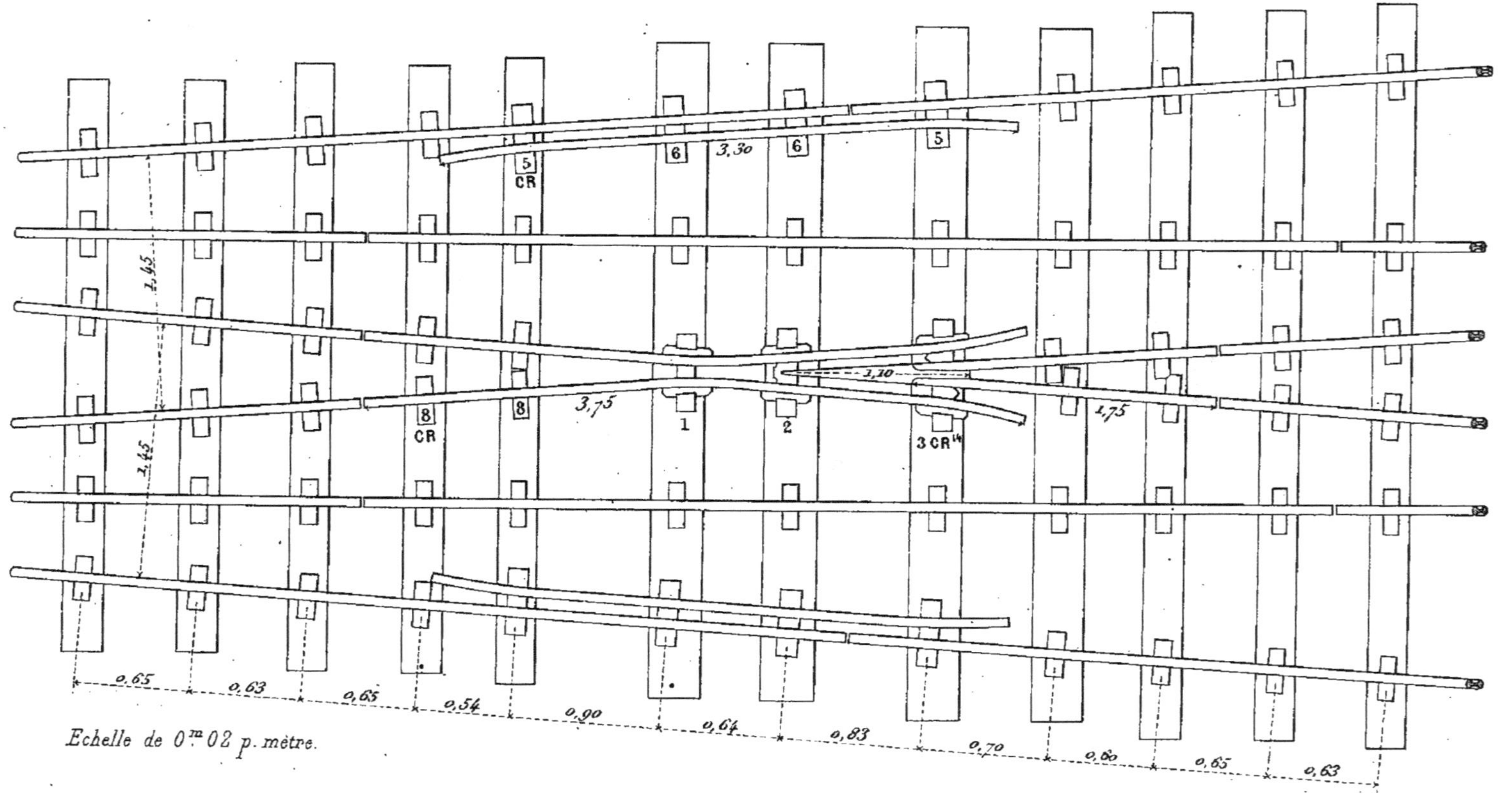

Echelle de 0ᵐ 02 p. mètre.

Nota: Le tableau des Coussinets et Boulons spéciaux de ce Croisement est le même que celui de la pente de 0ᵐ 70 en remplaçant le Coussinet N° 3 CR par le N° 3 CR¹ᵉ et en supprimant les N°ˢ 4 CR et 7 CR.

0.65 · 1.45 · 1.45

0.63

0.65

0.54

8
CR

8

5
CR

3.15

0.90

1

6 · 3.30

2

6

0.64

1.10

0.83

3 CR¹ᵉ

5

0.70

1.75

0.62

0.65

0.63

Pl. 17.

Coussinet N.º 3 C R¹⁴

Coupe suivant A B

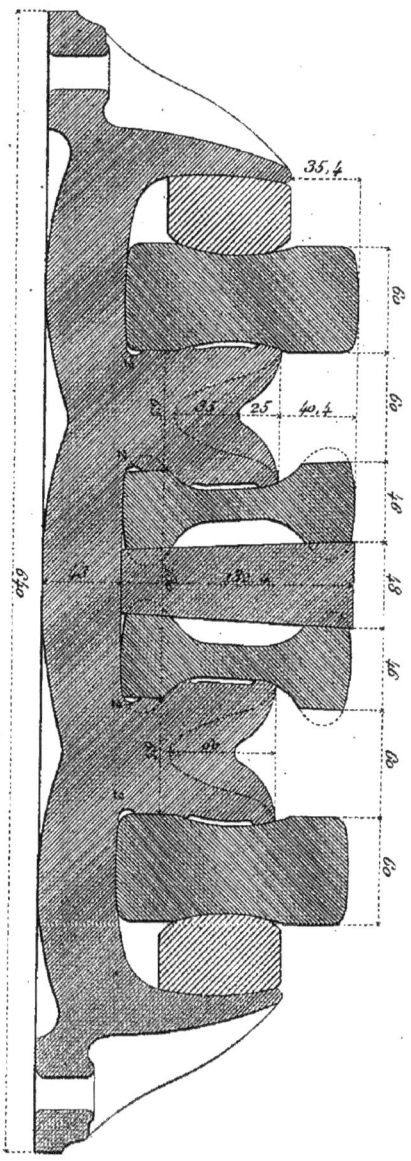

Plan

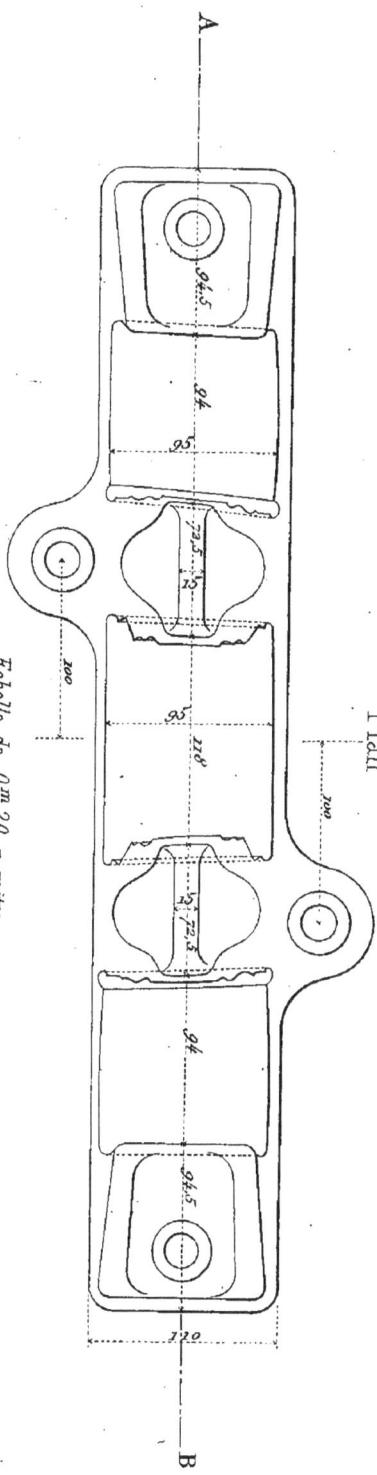

Echelle de 0ᵐ·20 p. mètre.

Pl. 18.

TRAVERSÉE DE VOIE EN RAILS RECTANGULAIRES ET A DOUBLE CHAMPIGNON.

Pente de 0.^m10

Ensemble

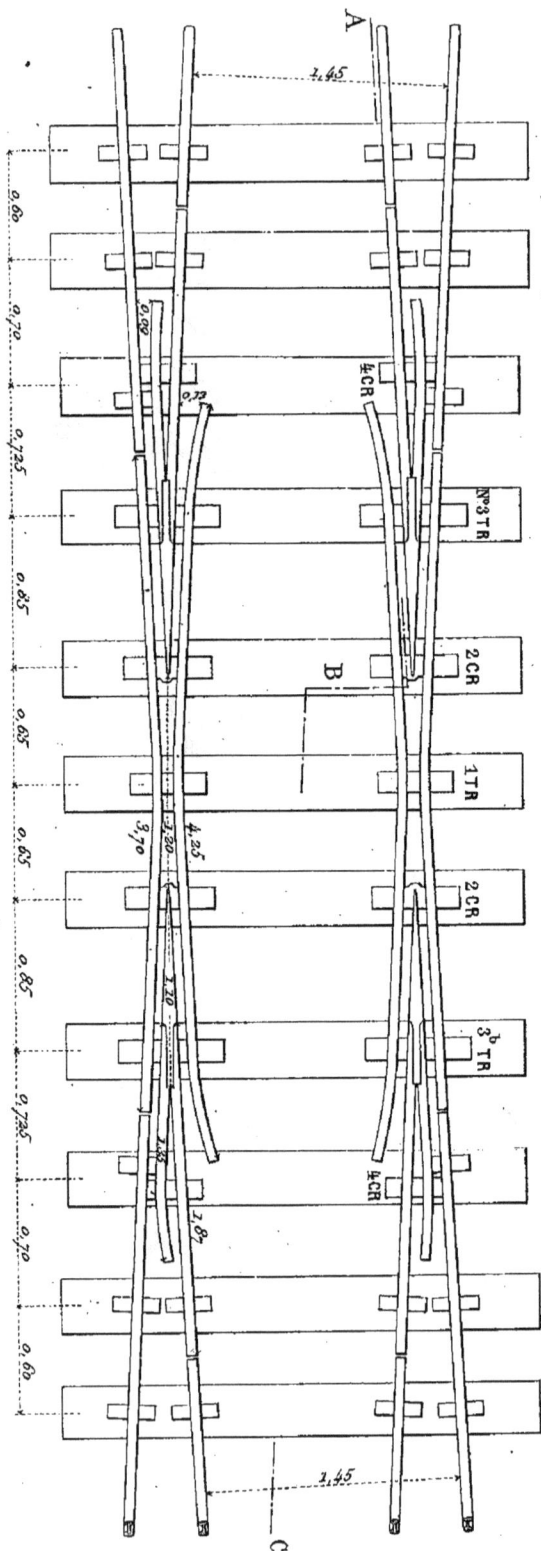

Coupe suivant A B C.

Echelle de 0.^m 02 p. mètre

Pl.19

Tableau *des coussinets, éclisses et boulons spéciaux*
de la Traversée de voie. *(Pente de 0^m10)*

Désignation	Nombre employé	Observations
N.º 1 T R	2	Remplacé par le coussinet N.º 1 C R lorsque les contre-rails ne sont pas relevés.
N.º 2 C R	4	Voir Pl. 12.
N.º 3 T R	2	Coussinet de gauche
N.º 3ᵇ T R	2	Coussinet de droite
Eclisses spéc.ˡᵉˢ	8	
Boulons spéc.ˣ	8	Assemblage des Pointes 4 de 0^m110 et 4 de 0^m130 Assemblage des Eclisses.

Coussinet N.º 1 T R.

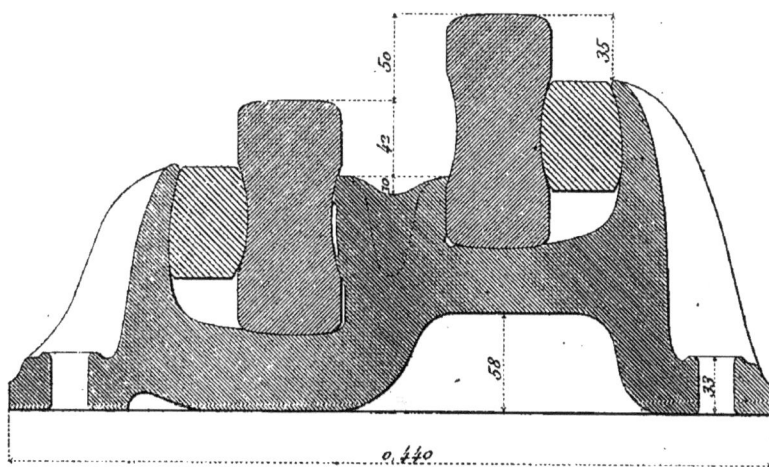

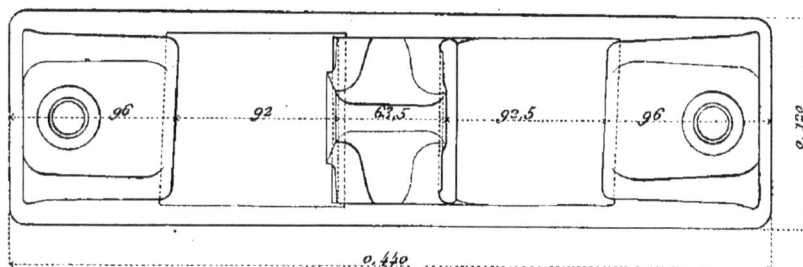

Echelle de 0^m20 p. mètre

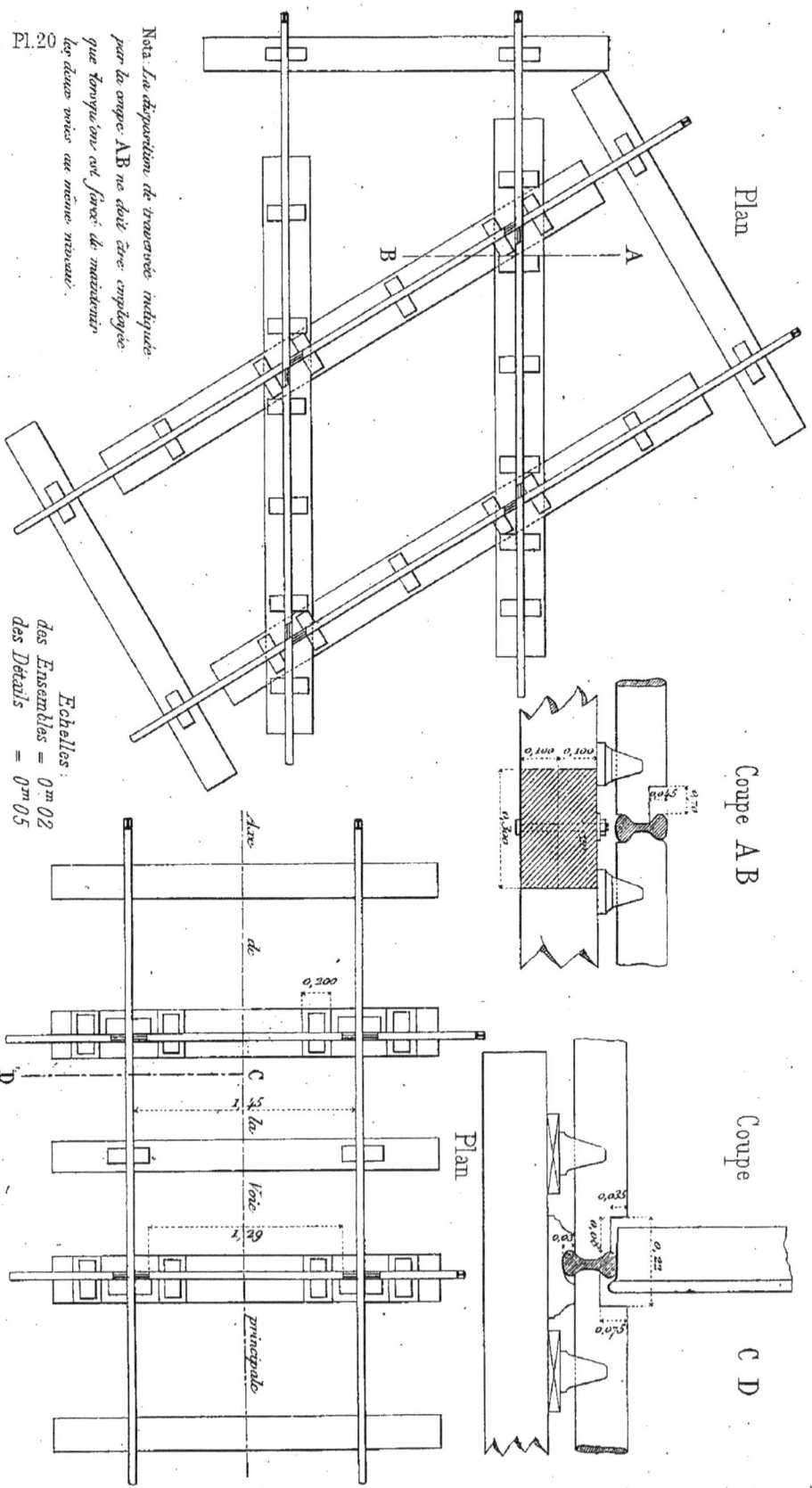

TRAVERSÉE DE VOIE A ANGLE DROIT OU A ANGLE TRÈS OUVERT.

Pl. 20

Plan

Coupe A B

Coupe C D

Plan

Nota: La disposition de traverses indiquée par la coupe AB ne doit être employée que lorsqu'on est forcé de maintenir les deux voies au même niveau.

Echelles :
des Ensembles = 0ᵐ 02
des Détails = 0ᵐ 05

Pl. 21.

CHANGEMENT DE VOIE DOUBLE AVEC AIGUILLES RECTANGULAIRES EN ACIER.

Echelle de 0ᵐ 02 p. mètre

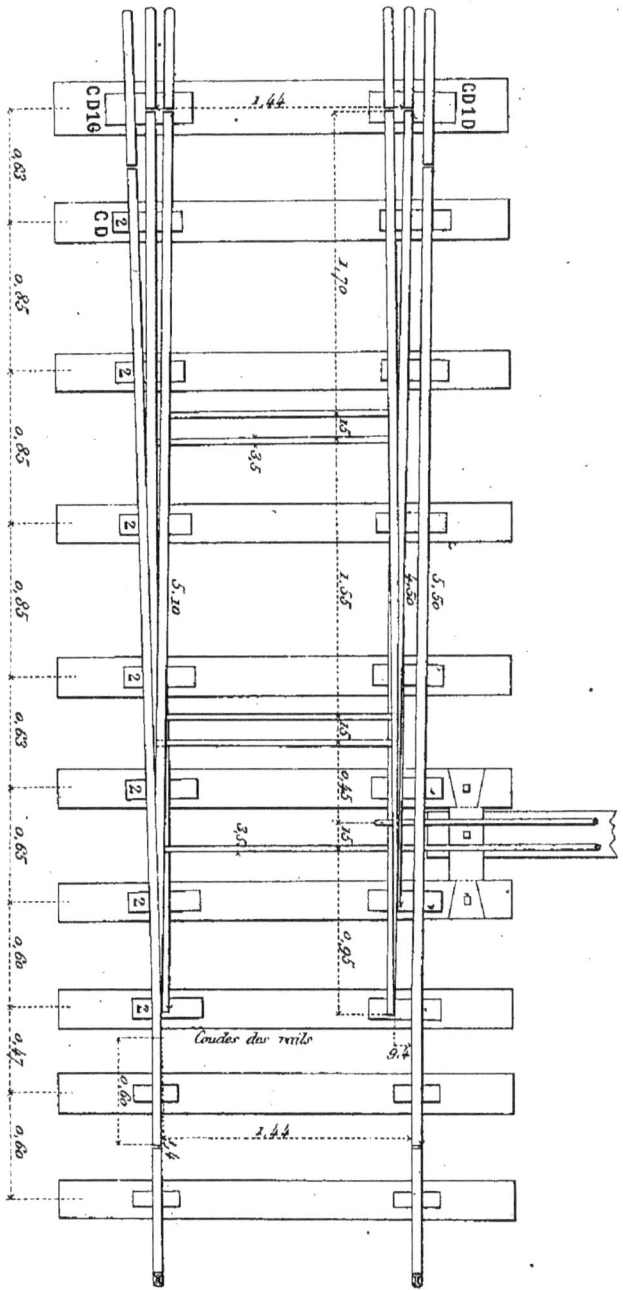

Pl. 22.

Tableau des coussinets et des boulons spéciaux du Changement de voie double avec aiguilles rectangulaires en acier.

Désignation	Nombre employé	Observations
CD^{16}	1 }	Coussinets de talon (1 à droite et 1 à gauche)
CD^{1D}	1 }	
CD^2	14	Coussinets de glissière
A	6 }	Boulons des coussinets de glissière
B	4 }	
C	2 }	Boulons de calage s'appliquant aux
D	2 }	coussinets de glissière
G	2	Boulons des coussinets de talon

Coussinet de talon, Modèle CD^{16}

Coupe suivant M N.

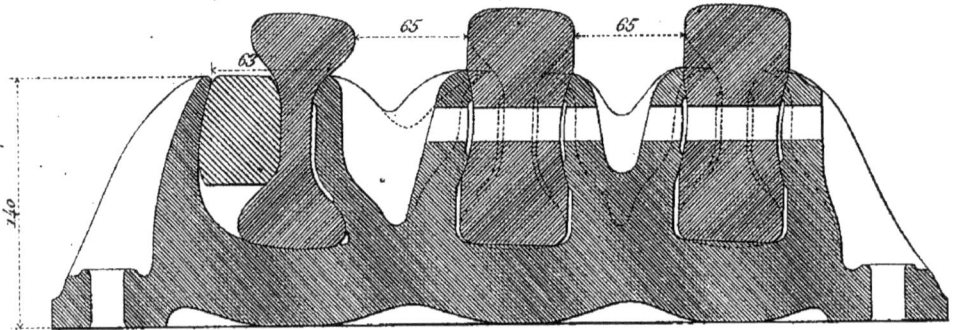

Plan

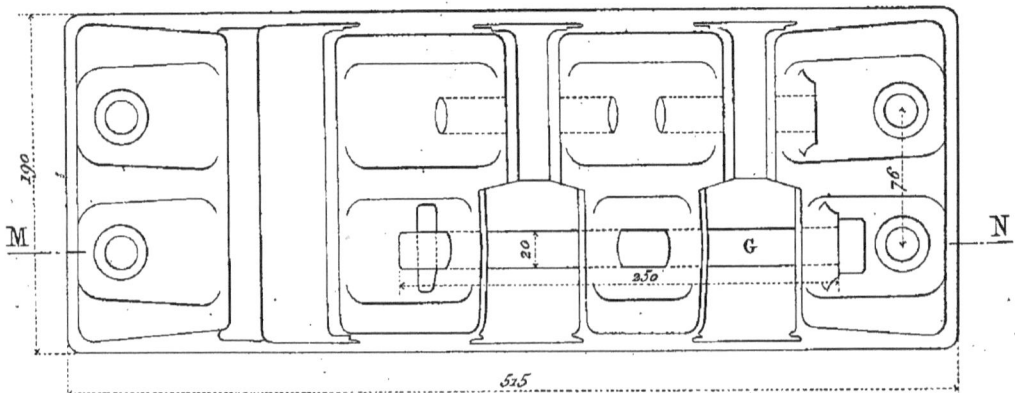

Nota : Il faut 2 modèles, un à droite et un à gauche

Echelle de 0^m20 p. mètre

Pl. 23.

CHANGEMENT DE VOIE SIMPLE EN RAILS VIGNOLE.

Plan d'ensemble

Echelle de 0.^m 02 p. m

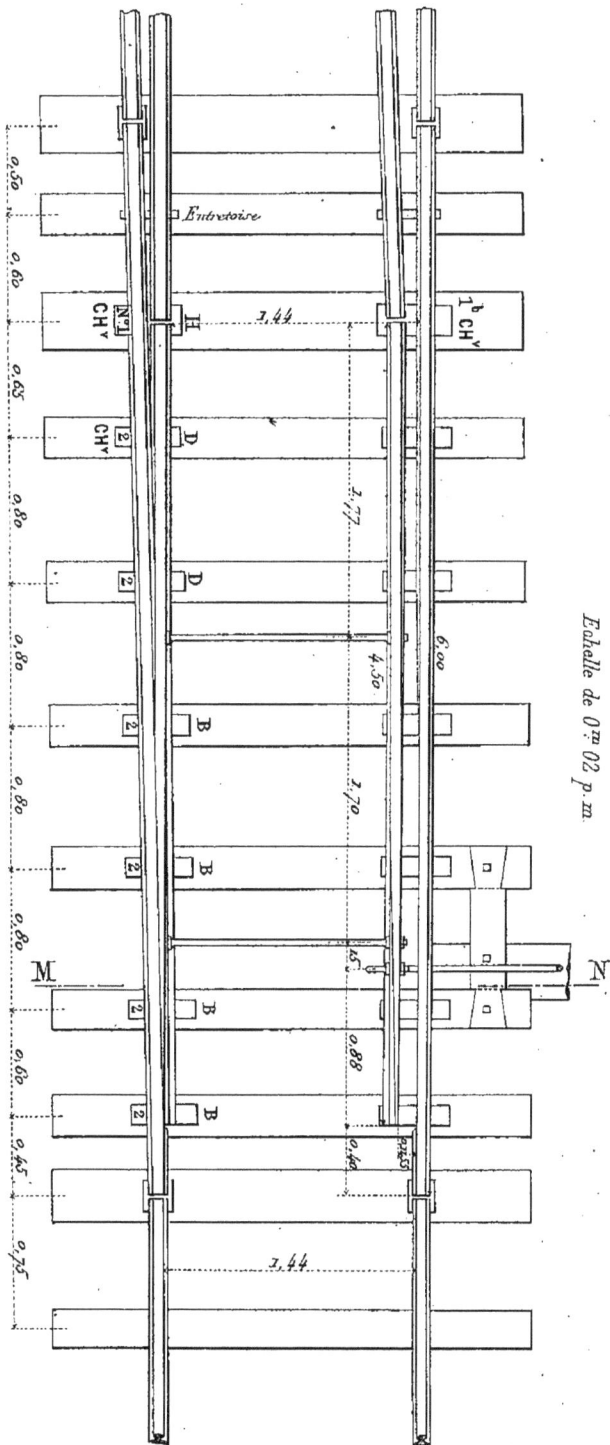

Coupe suivant M N.

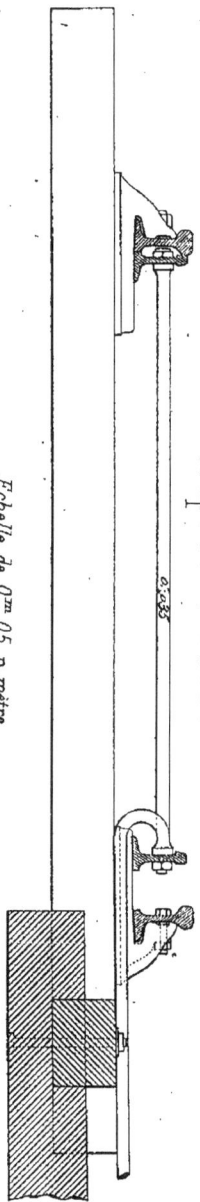

Echelle de 0.^m 05 p. mètre

Entretoise

N° 1 CH^v   H   1,44   1^b CH^v

2 CH^v   D

2   D

2   B

2   B

2   B

2   B

0,50   0,60   0,65   0,80   0,80   0,80   0,80   0,60   0,45   0,75

1,44   1,77   4,50   6,00   1,70   0,88   0,40

M   N

1,44

Pl. 24.

CHANGEMENT DE VOIE SIMPLE EN RAILS VIGNOLE

Coussinet de talon, Modèle N.º 1 C H ᵛ

Echelle de 0ᵐ 20 p mètre

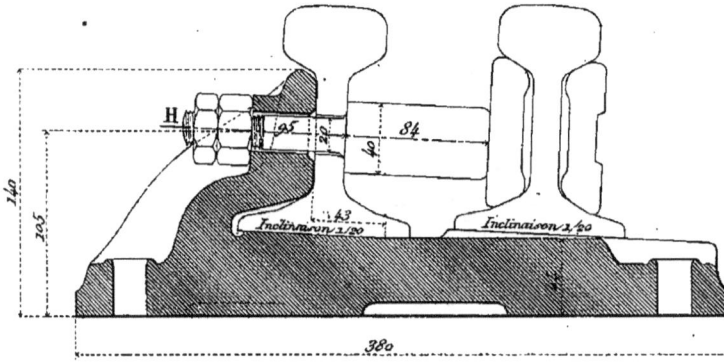

Nota. *Il faut 2 modèles, un à droite et un à gauche.*

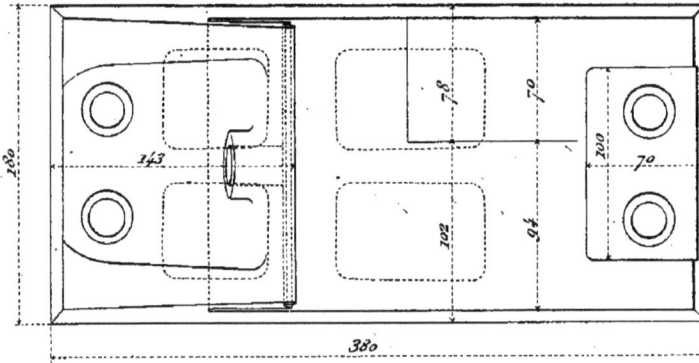

Tableau *des coussinets et des boulons spéciaux*

Désignation	Nombre employé	Observations
N.º 1 C H ᵛ	1	⎱ *Coussinets de talon* (1 à droite et 1 à gauche)
N.º 1ᴮ C H ᵛ	1	⎰
N.º 2 C H ᵛ	12	*Coussinets de glissière*
B	8	*Boulons de coussinets de glissière*
D	4	*Boulons de calage semblables à celui du changem.ᵗ de voie en rails rectangulaires.*
H	2	*Boulons de coussinets de talon*
Entretoises	2	

Pl. 25.

CHANGEMENT DE VOIE SIMPLE EN RAILS VIGNOLE

Coussinet de glissière, Modèle N°. 2 CHᵛ

Echelle de 0ᵐ 20 p. mètre

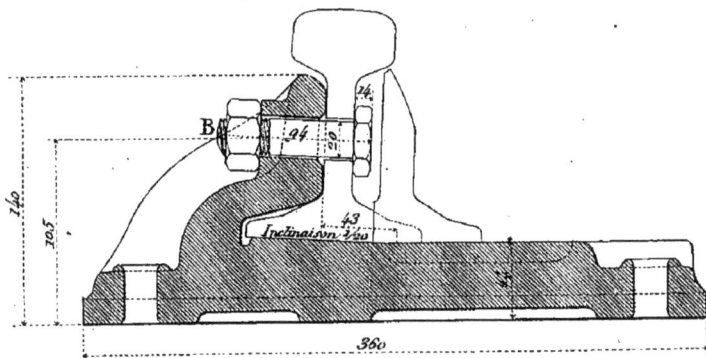

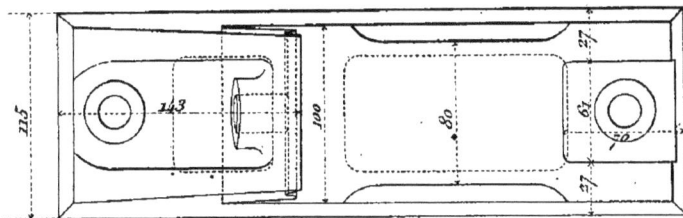

Entretoise

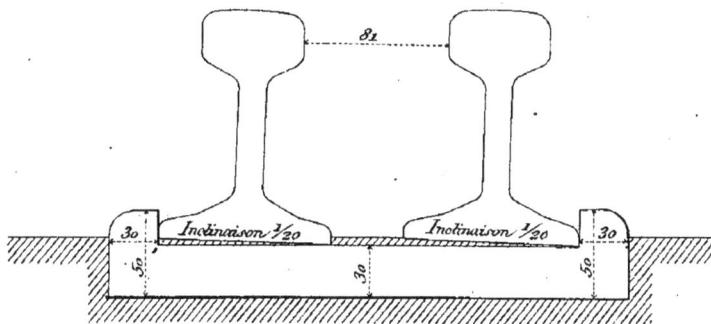

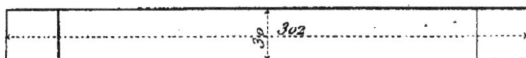

Pl. 26.

Détail de la pointe.

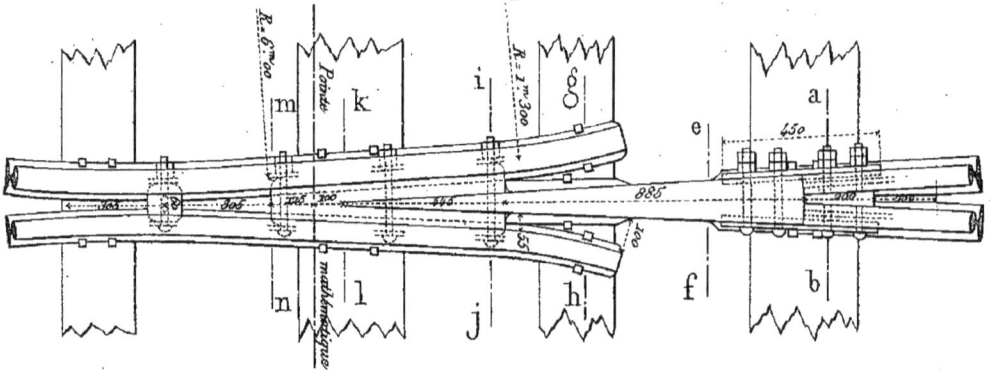

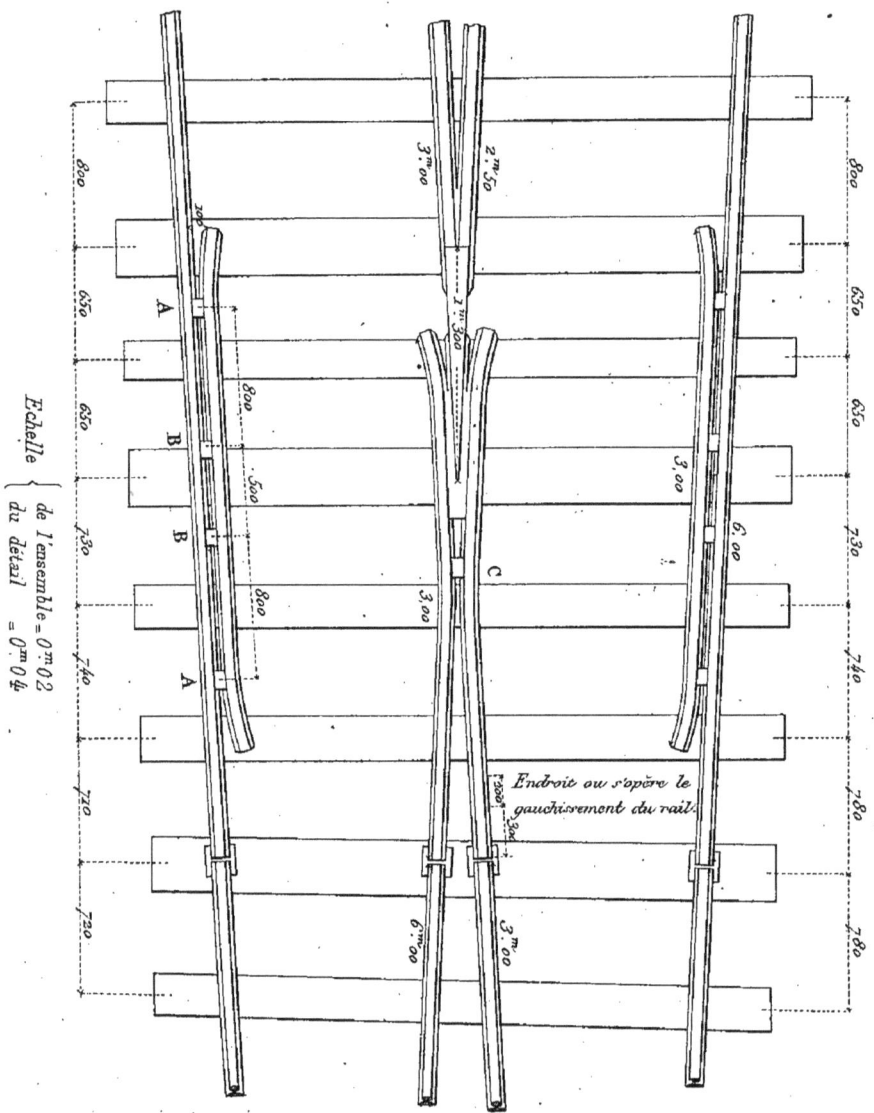

R. 6.ᵐ00
Pointe
R. 1ᵐ.300

m k i g a
e

450

mathématique
n l j h f b

135 305 300 445 885 900 100 55

CROISEMENT DE VOIE EN ACIER FONDU EN RAILS VIGNOLE.
Pente de 0ᵐ.10

Ensemble

3ᵐ00
2ᵐ50
1ᵐ300
800
500
800

A B B A

c

3.00

3ᵐ00

6.00

Endroit ou s'opère le
gauchissement du rail.

800 650 650 730 740 710 720

800 650 650 730 740 780 780

6ᵐ00 3ᵐ00

Echelle { de l'ensemble = 0ᵐ02
du détail = 0ᵐ04

Pl. 27

CROISEMENT DE VOIE EN ACIER FONDU EN RAILS VIGNOLE *(Détails)*

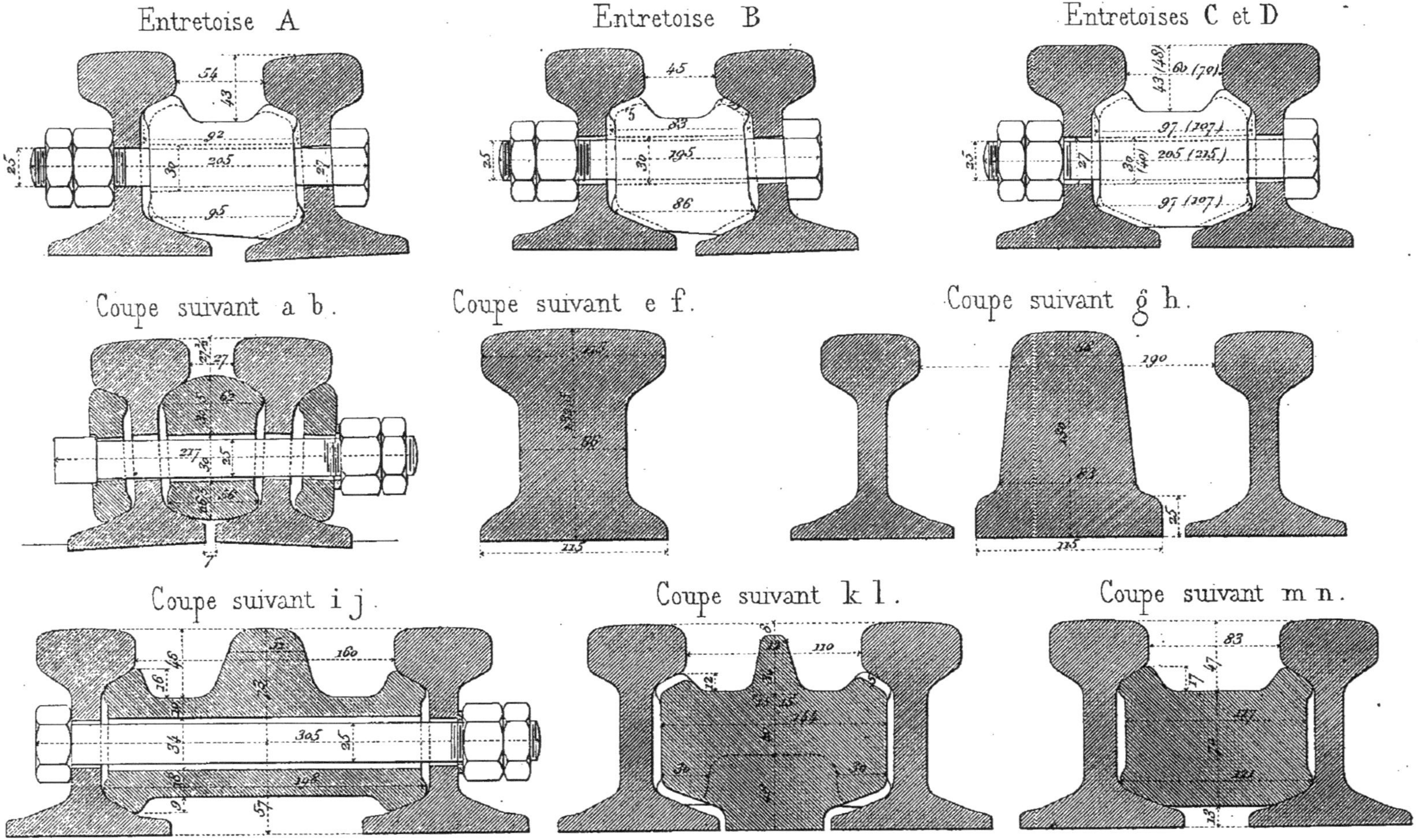

Entretoise A

Entretoise B

Entretoises C et D

Coupe suivant a b.

Coupe suivant e f.

Coupe suivant g h.

Coupe suivant i j.

Coupe suivant k l.

Coupe suivant m n.

Nota. *Les cotes entre parenthèses s'appliquant à l'entretoise D des passages à niveau.*

Pl. 28.

PLAQUE TOURNANTE DE 4ᵐ 40 A RAILS DISCONTINUS.

Demi-plan.   Demi-coupe.

Echelle de 0ᵐ 02 p. mètre

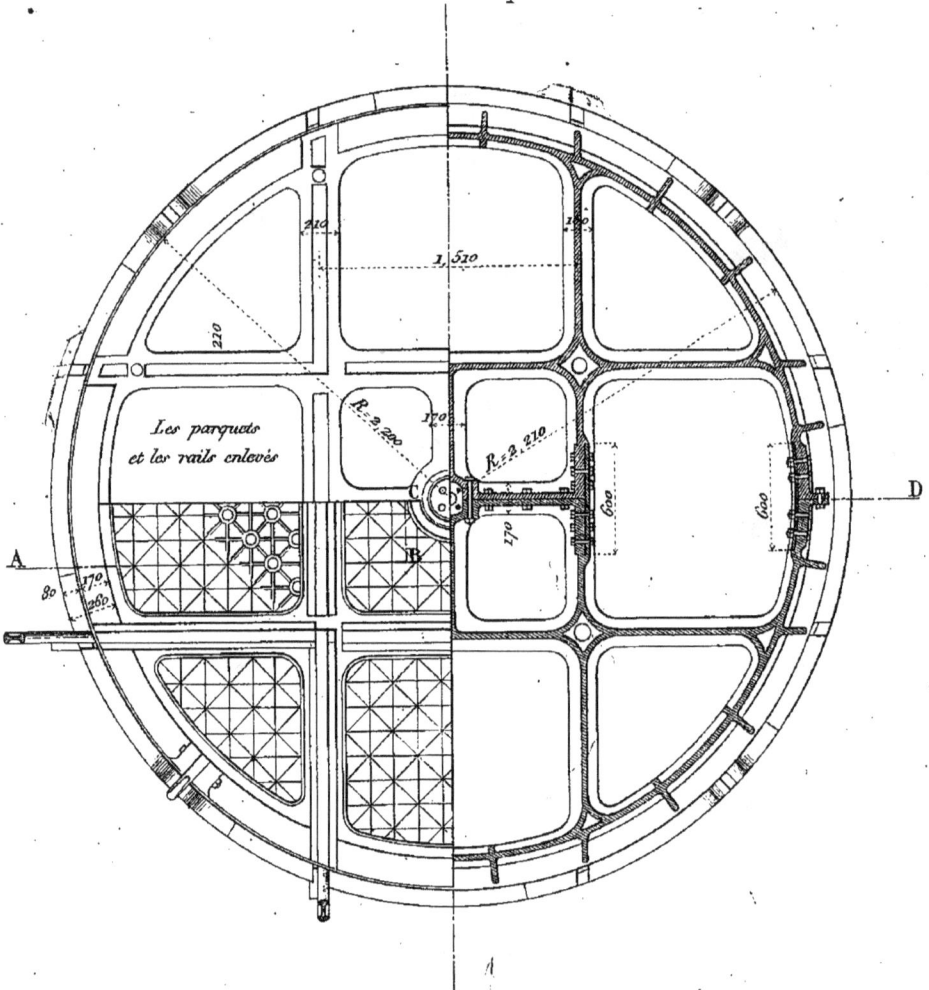

Les parquets et les rails enlevés

R = 2.200   R = 2.270

A   B   D

Coupe suivant ABCD.

Echelle de 0ᵐ 04

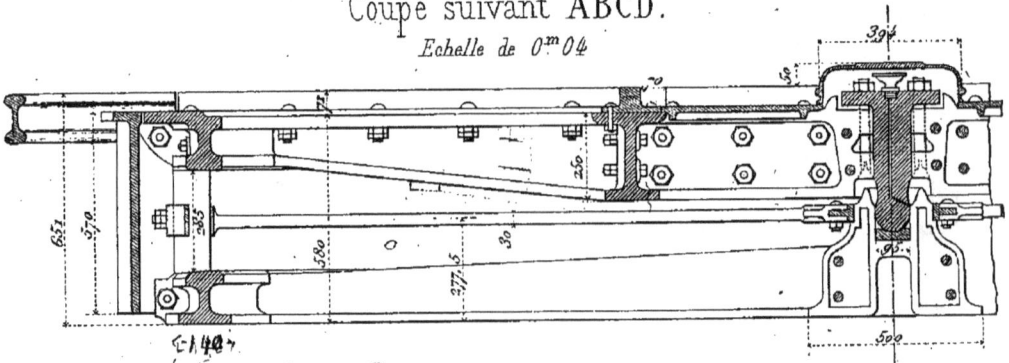

Pl. 29.

PLAQUE TOURNANTE DE 4^{m}40 A RAILS DISCONTINUS

Demi-plan
du cercle de roulement inférieur

Demi-plan
du cercle des galets

Echelle de 0^m 02 p. mètre

Pénétration des rails
dans la Cuve.

Valet d'arrêt

Coupe suiv.^{t} l'axe d'un galet

Echelle de 0^m 04

Pl. 30.

PLAQUE TOURNANTE DE 4ᵐ.40 DE DIAMÈTRE A RAILS CONTINUS

Coupe O P   Plan

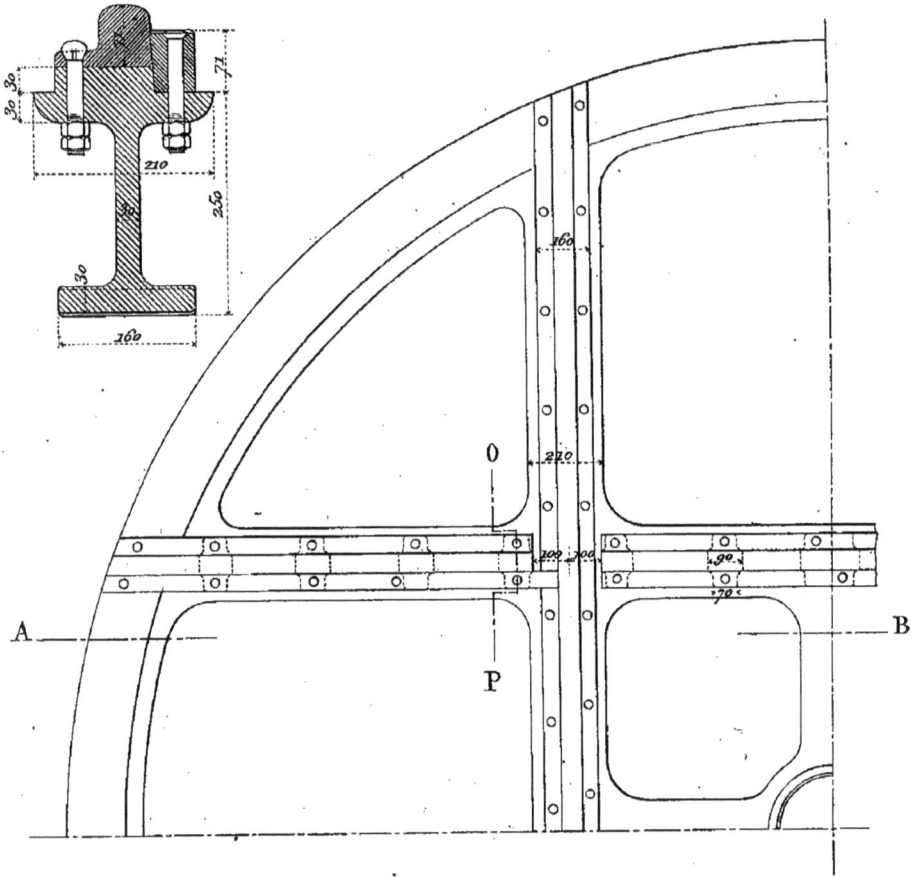

Coupe A B.

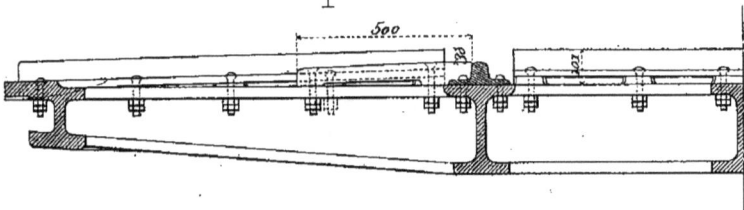

$$\text{Echelles} \begin{cases} \text{Ensembles} = 0^m 04 \ p. \text{mètre} \\ \text{Détails} \quad = 0^m 10 \ p. \text{mètre} \end{cases}$$

Support P

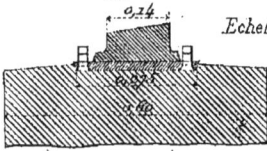

Echelle de 0ᵐ05

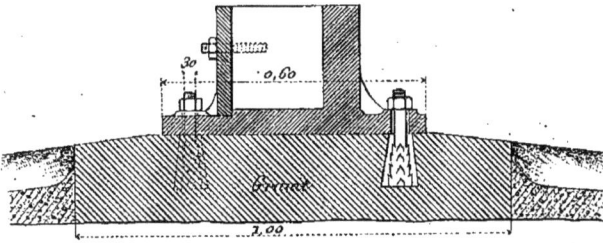

0,14

Coussinet

0,40

25

Brunel

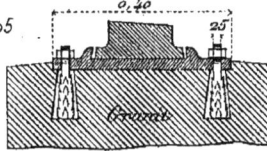

Coupe suivant CD

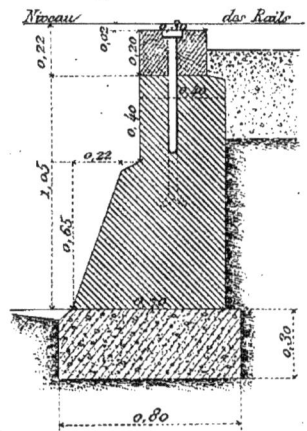

Niveau des Rails

0,22   0,02   0,20

0,40

1,05   0,65   0,22

0,80

0,30

Echelle de 0ᵐ025

Crapaudine du pivot

Echelle de 0ᵐ05

30   0,60

Brunel

1,00

Plan — Echelle de 0ᵐ01

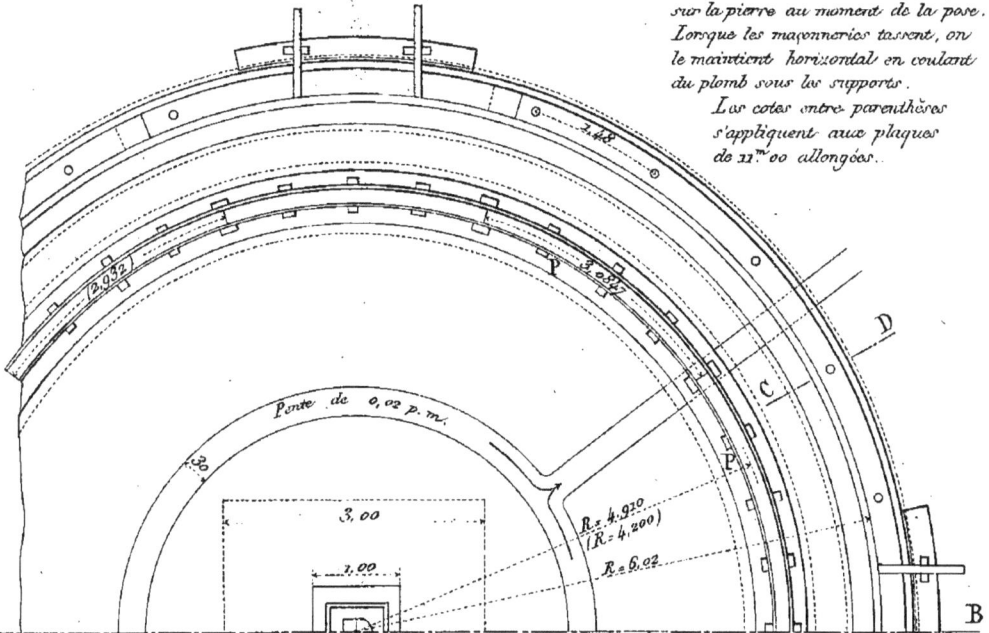

Nota: Le cercle de roulement doit porter
sur la pierre au moment de la pose.
Lorsque les maçonneries tassent, on
le maintient horizontal en coulant
du plomb sous les supports.

Les cotes entre parenthèses
s'appliquent aux plaques
de 11ᵐ00 allongées.

1,48

2,092

2,092

Pente de 0,02 p. m.

30

3,00

1,00

P

C

P

R = 4,970
(R = 4,200)

R = 6,02

D

B

Coupe suivant A B.

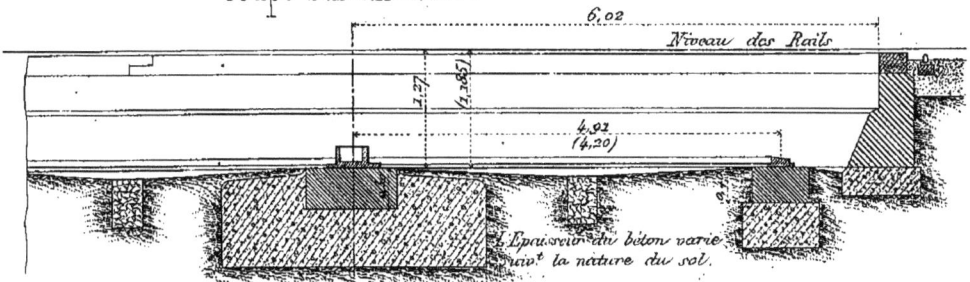

6,02

Niveau des Rails

1,77   (1,365)

4,91
(4,20)

L'épaisseur du béton varie
suivant la nature du sol.

Pl. 32.

PONT ROULANT AVEC FOSSE POUR LA MANŒUVRE DES WAGONS

Ce type a été remplacé par un nouveau, à 11 février...

Elévation

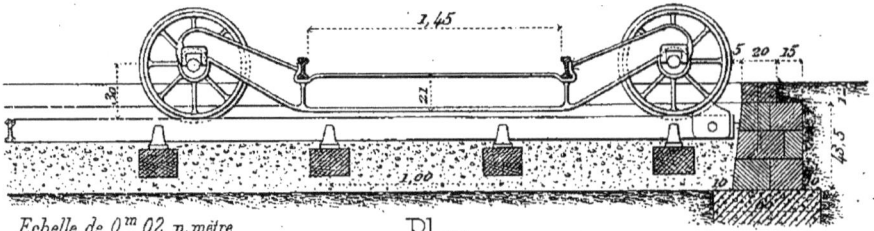

Echelle de 0ᵐ 02 p. mètre

Plan.

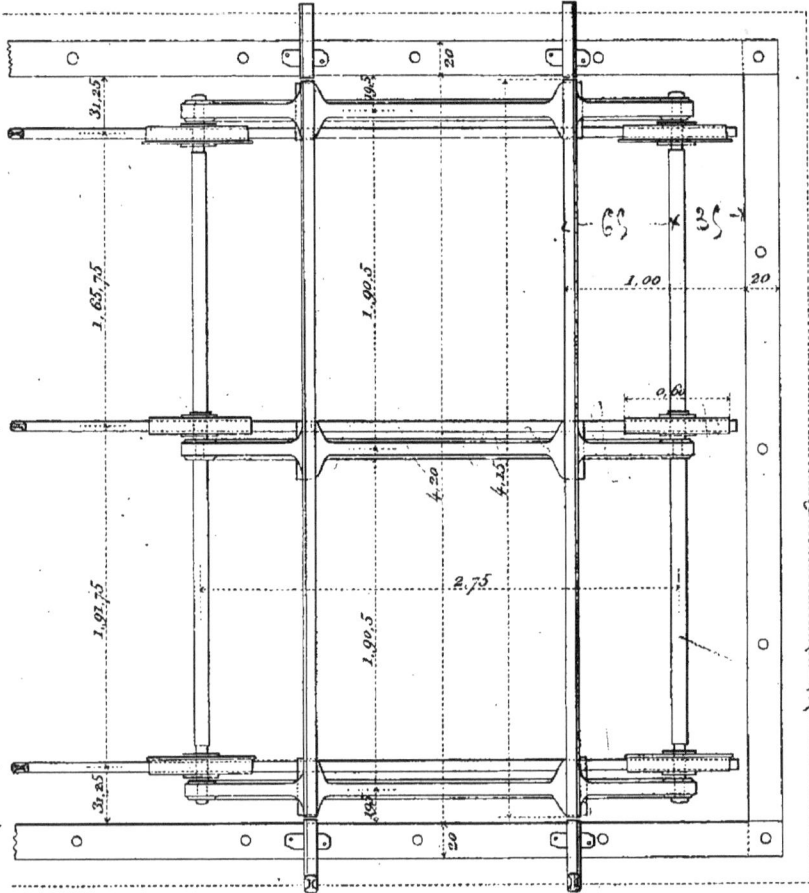

Détail de l'arrêt

Echelle de 0ᵐ 10

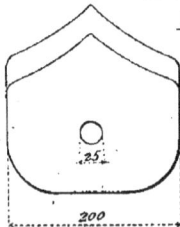

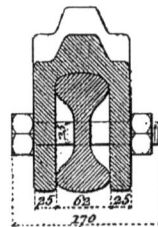

Pl.33.

MÂT - SIGNAL ORDINAIRE

de 6^m 00 de hauteur

Echelle de 0^m 04.

Pl. 34

FONDATIONS EN VIEUX RAILS POUR MÂT DE SIGNAL AVEC MONTANT EN TÔLE.

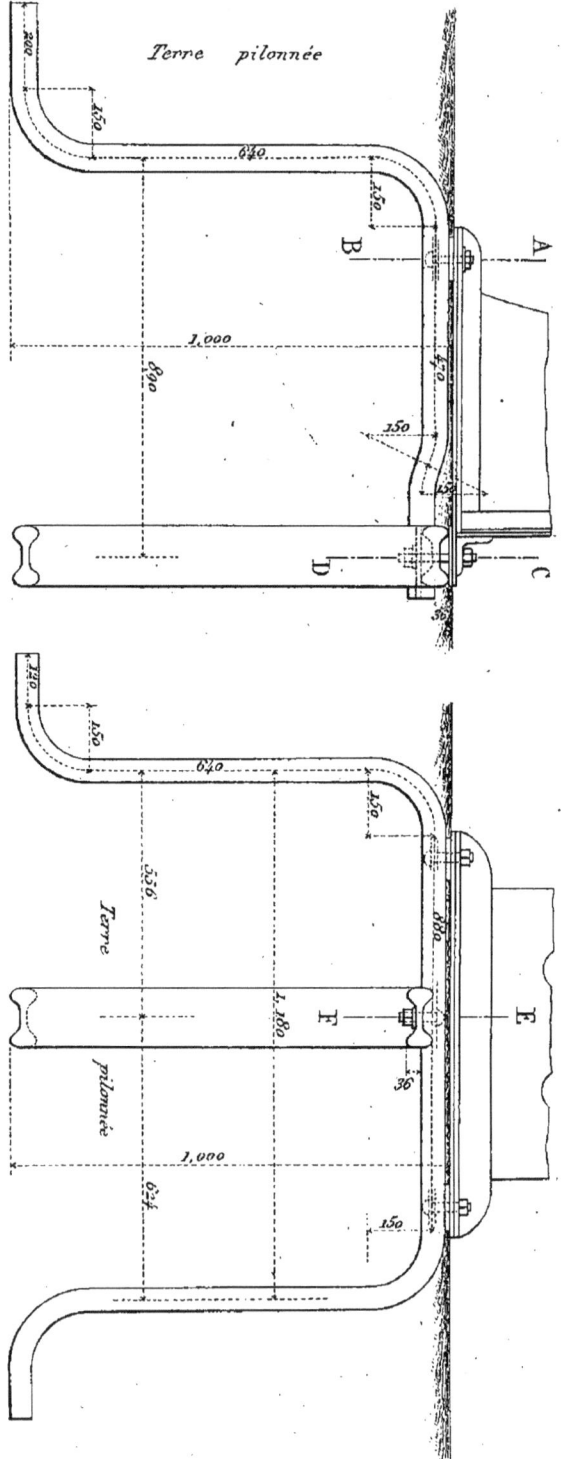

Terre pilonnée

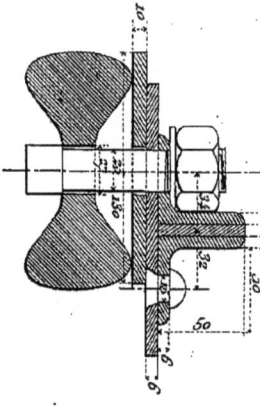

Coupe A B.

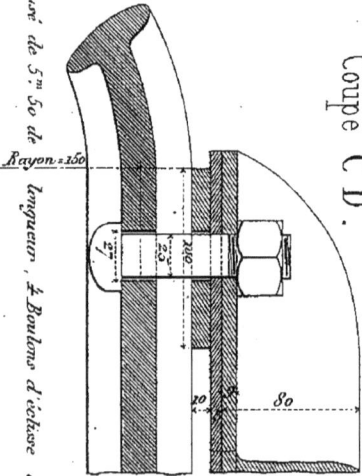

Coupe C D.

Rayon = 150

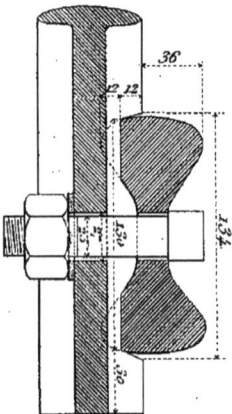

Coupe E F.

Nota. Pour une fondation, il faut : un Rail, une de 5ᵐ,50 de longueur, 4 Boulons d'éclisse de 25 ᵐ/ₘ de diamètre, 3 Plaques en fer.

Echelle des Détails = 0ᵐ 20 p.mètre

Echelle des Ensembles = 0ᵐ 050 p.mètre

Pl. 35

LEVIER DE MANŒUVRE.

Élévation

Profil

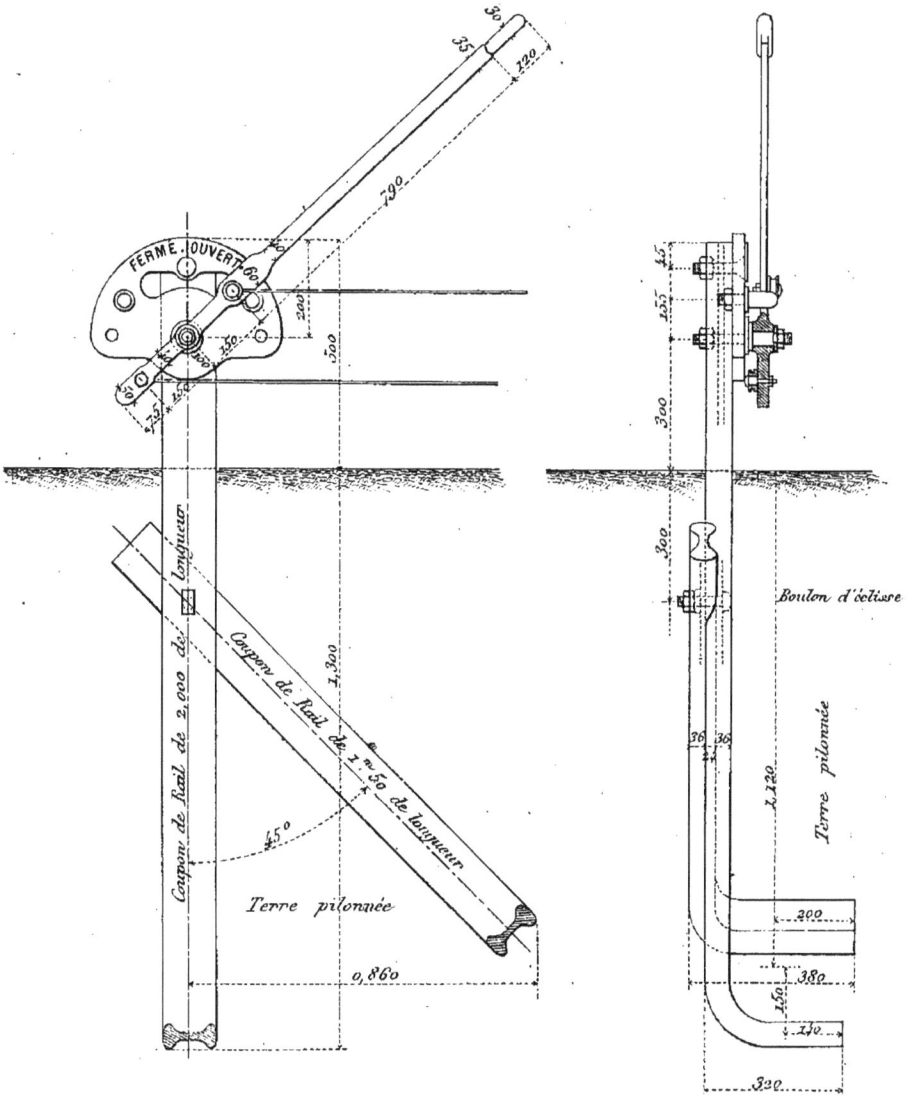

FERME OUVERT

Coupon de Rail de 2,000 de longueur

Coupon de Rail de 1 m 50 de longueur

45°

Terre pilonnée

0,860

Boulon d'éclisse

Terre pilonnée

Echelle de 0ᵐ 05 p. mètre

Pl. 36.

MÂT-SIGNAL DE 2m 50 DE HAUTEUR avec montant en tôle

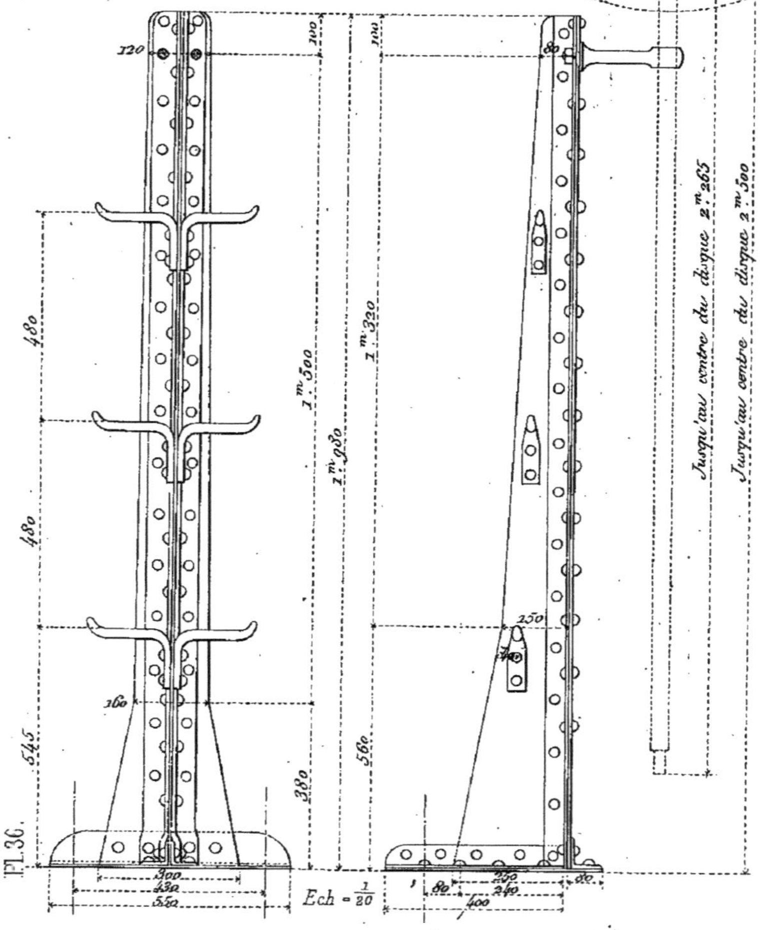

120
100
100
80
1m 500
1m 930
1m 320
480
480
545
160
380
560
250
40
Jusqu'au centre du disque 2m 265
Jusqu'au centre du disque 2m 500
300
430
550
80
200
240
400
80

Ech = 1/20

Support de fils à 2 poulies verticales pour les parties droites

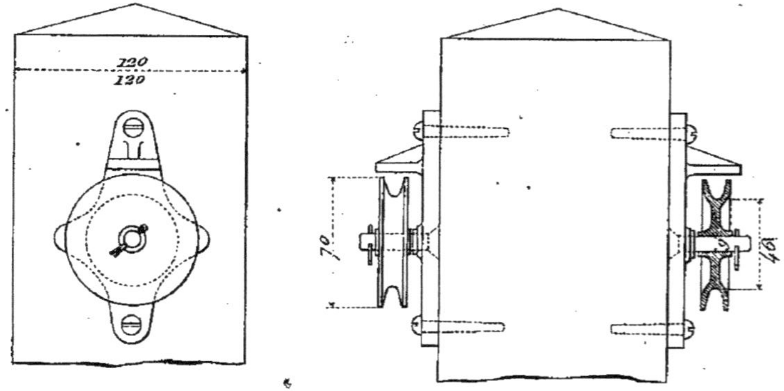

120
120
70
46

Support de fils à 2 poulies inclinées pour les parties courbes

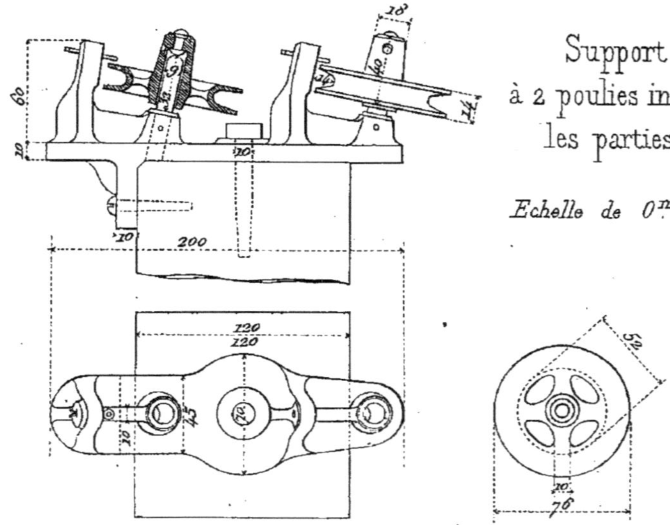

18
60
20
10
40
14
10
200
120
120
45
70
10
52
20
76

Echelle de 0m 20 p. mètre

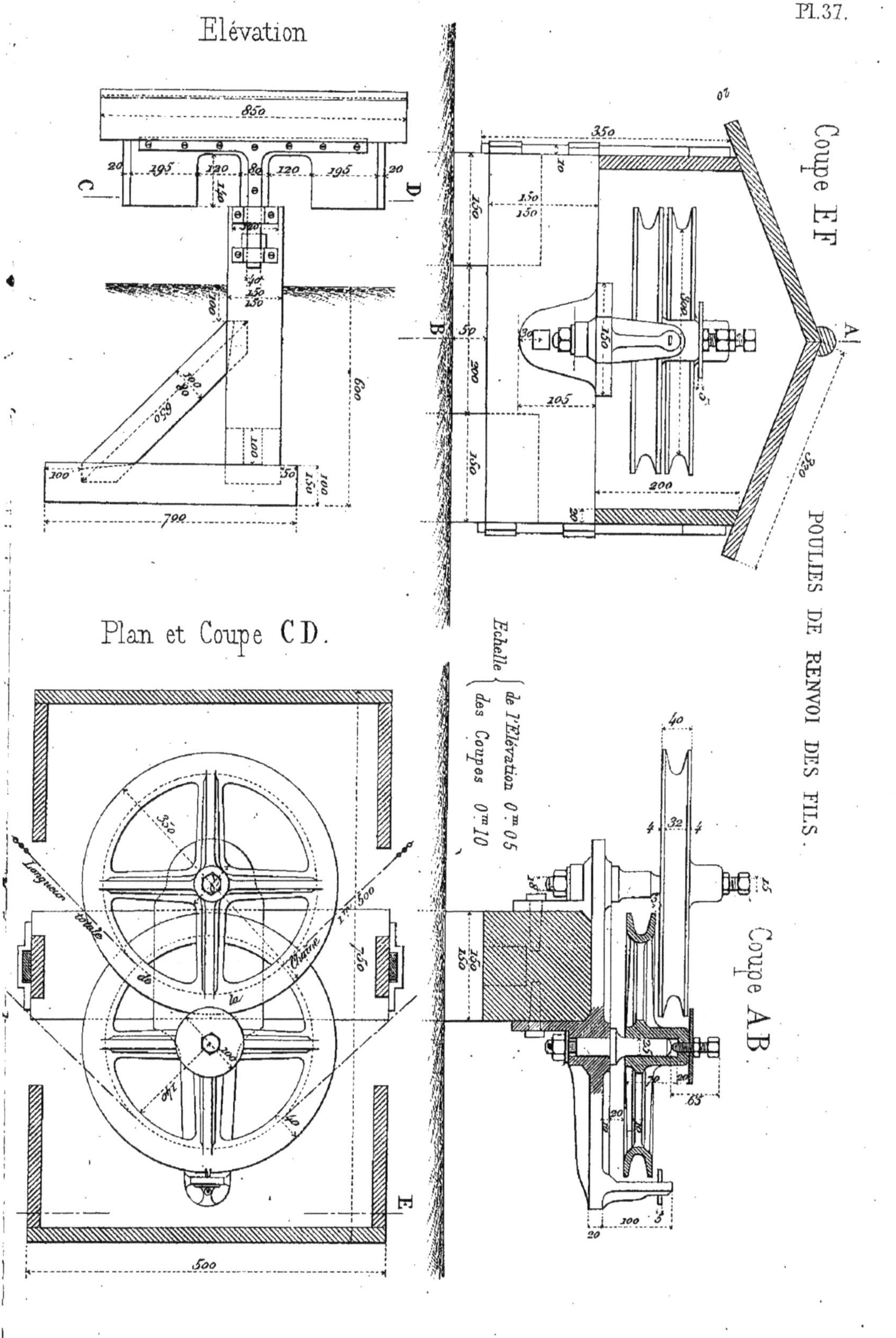

Pl. 37.

Elévation

Plan et Coupe CD.

Echelle $\left\{\begin{array}{l}\text{de l'Elévation } 0^{m}.05\\\text{des Coupes } 0^{m}.10\end{array}\right.$

Coupe EF

POULIES DE RENVOI DES FILS.

Coupe AB

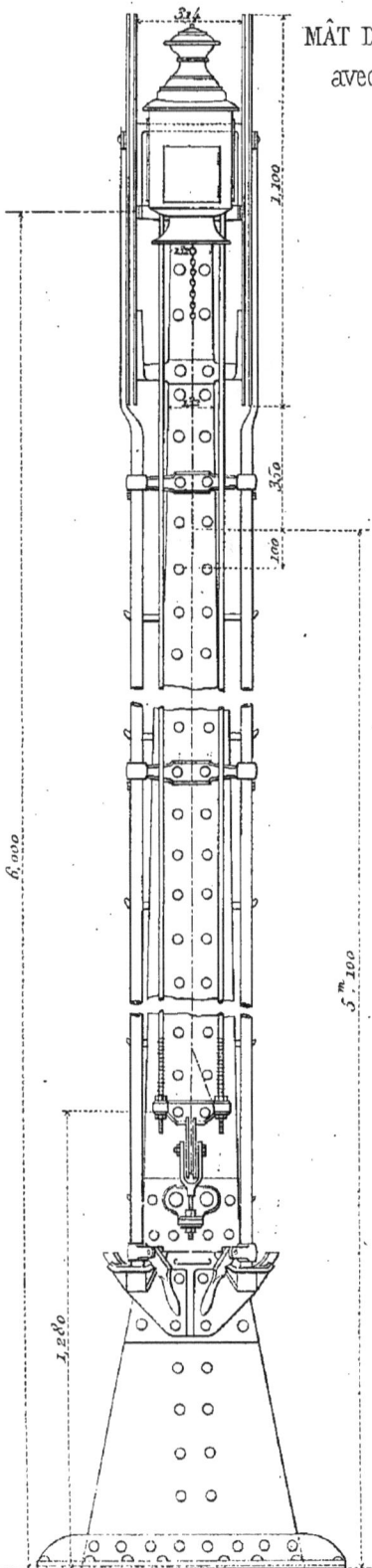

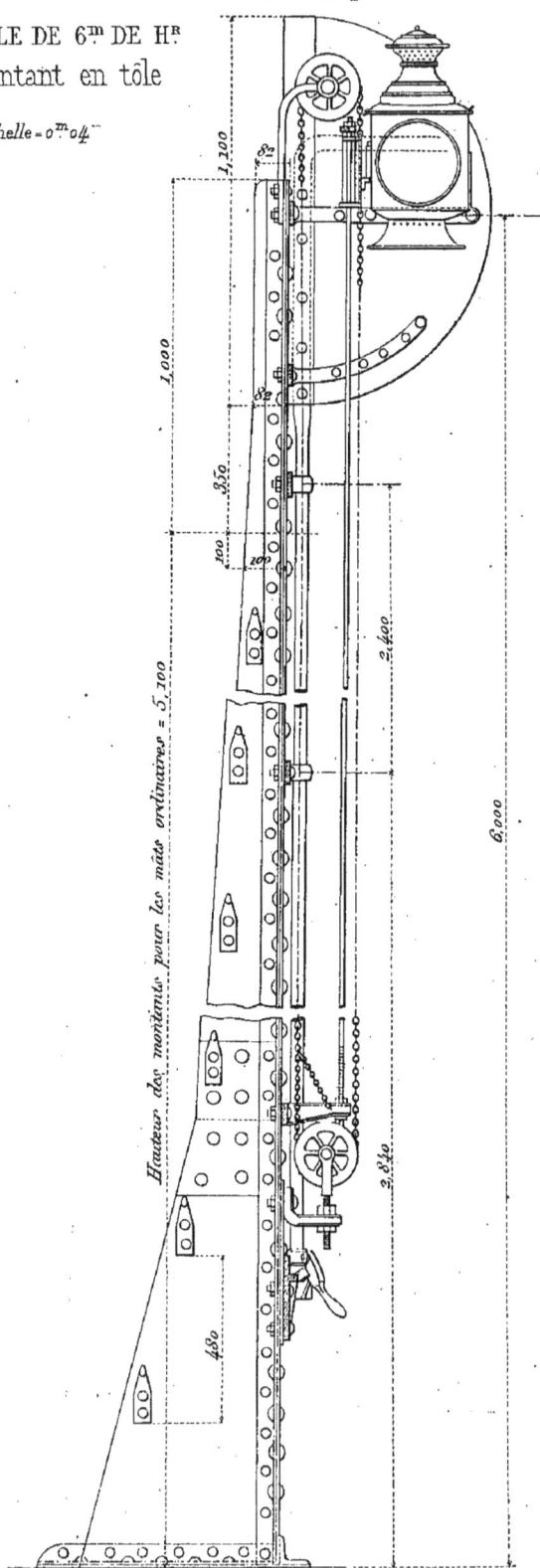

Pl. 38.

Élévation

Profil *(un disque enlevé)*

MÂT DOUBLE DE 6ᵐ DE Hᴿ
avec montant en tôle

Echelle = 0ᵐ04

Hauteur des montants pour les mâts ordinaires = 5,100

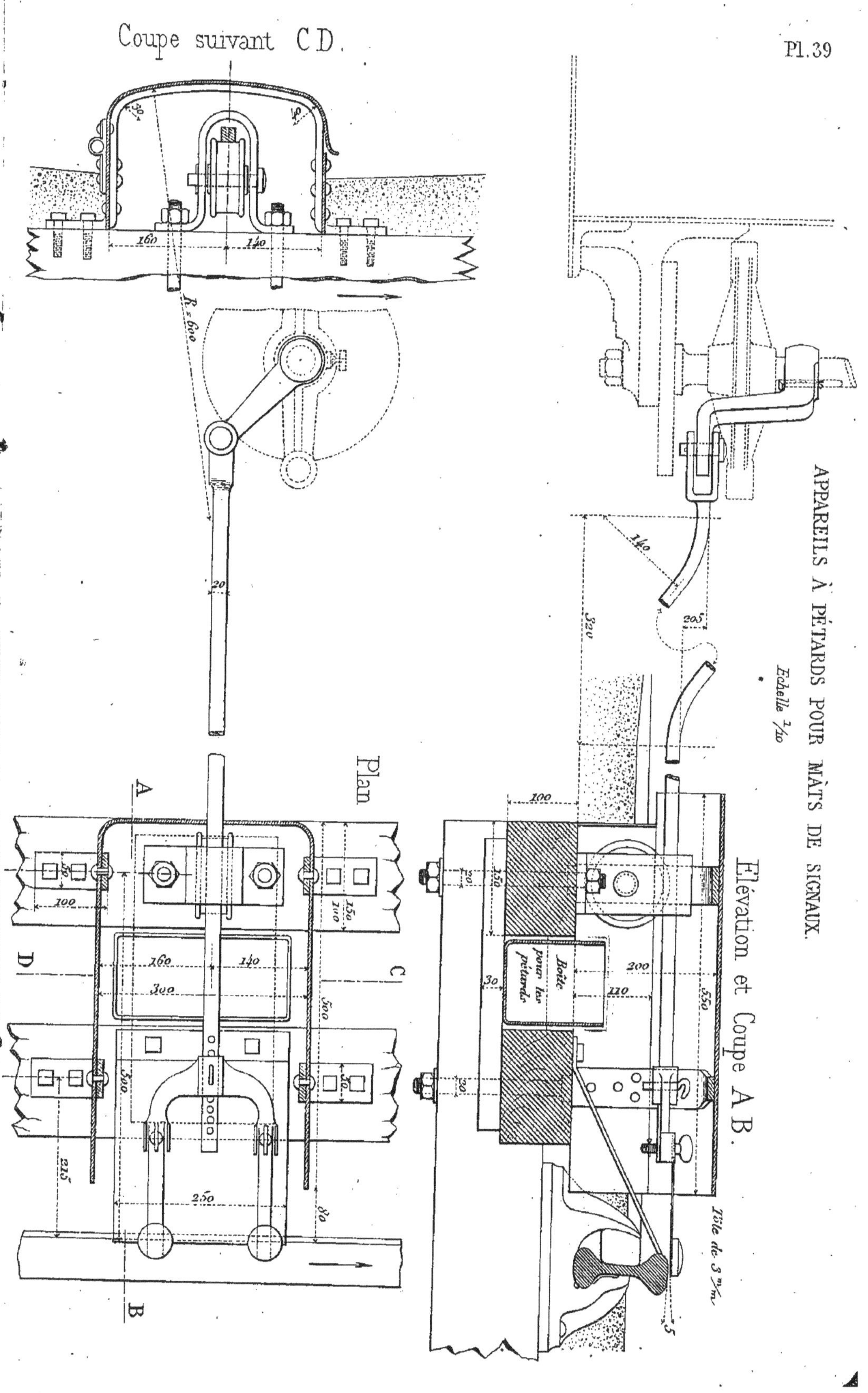

Pl. 39

Coupe suivant C D.

APPAREILS À PÉTARDS POUR MÂTS DE SIGNAUX.

Echelle 1/20

Élévation et Coupe A B.

Plan

Boîte pour les pétards

Tôle de 3 m/m.

R = 600

160   140

160   140
300

20

100

150
100

160   140
300

200
110

100

140

205

320

30

250

225

250

A   C

D   B

Pl. 40.

BARRIÈRES EN FER A UN ET A DEUX VANTAUX.

pour passages à niveau.

Plans de pose.

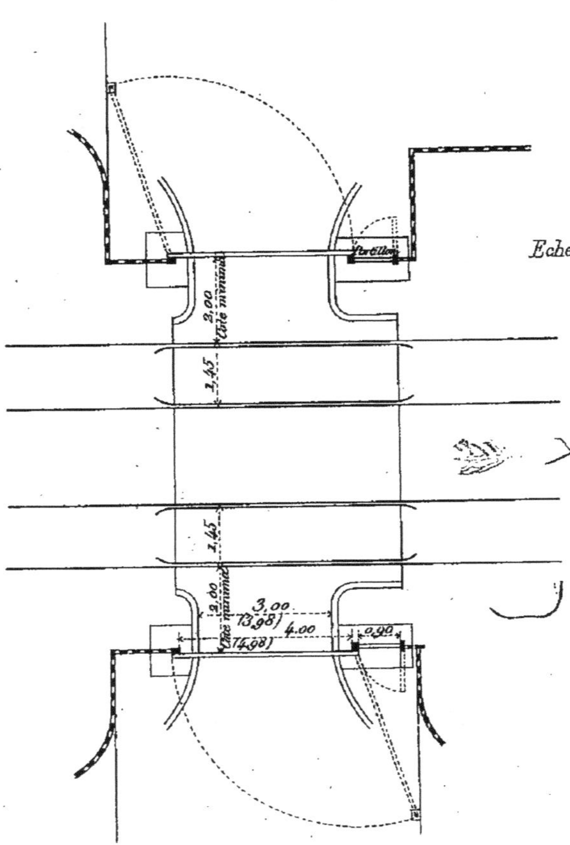

Echelle de 0^m.005 p. mètre

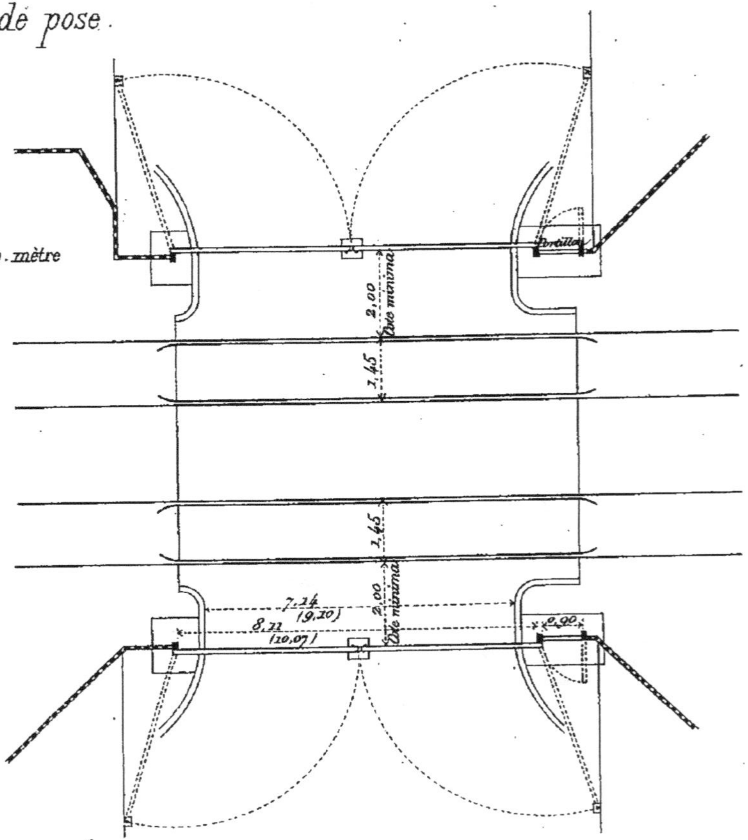

Nota : Les cotes entre parenthèses s'appliquent aux barrières de 5^m.00 et de 10^m.00 à treillis

Pl.41

BARRIÈRES EN FER A TREILLIS A UN ET A DEUX VANTAUX.

pour passages à niveau de 4, 5, 8 et 10 mètres.

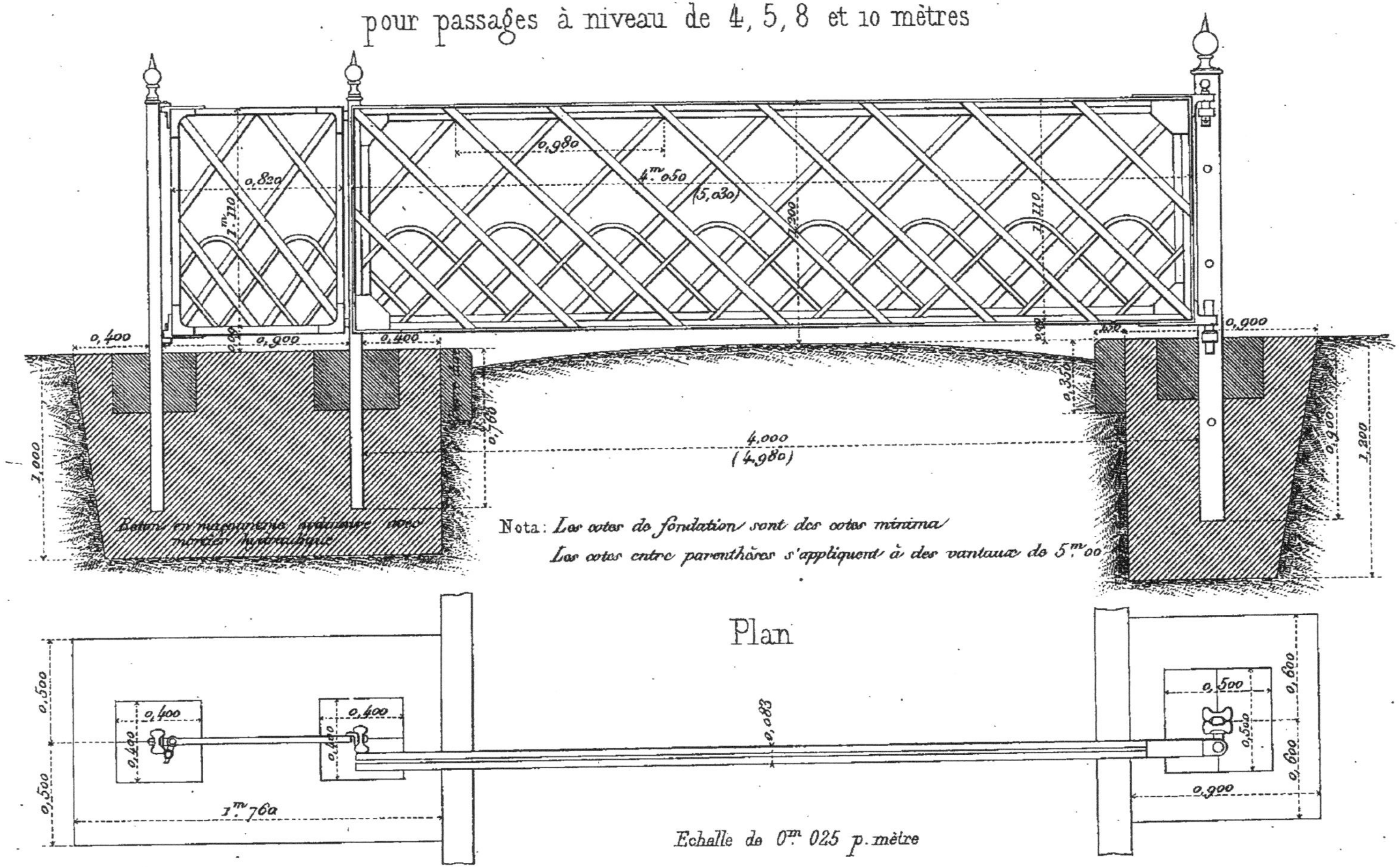

Plan

Echelle de 0m.025 p. mètre

Nota: Les cotes de fondation sont des cotes minima.
Les cotes entre parenthèses s'appliquent à des ventaux de 5m,00

0,500   0,500

0,420   0,400

1m,760

0,400   0,400

0,083

0,900   0,500   0,500

0,600   0,600

1,000

0,400

1m,110   0,800

0,980

4m,60 (5,00)

4,000 (4,980)

0,760

0,350

0,900

0,200

1,200

1,110

Pl. 42

Barrière à deux vantaux.

Élévation de la fermeture

Vue du côté du Chemin de fer

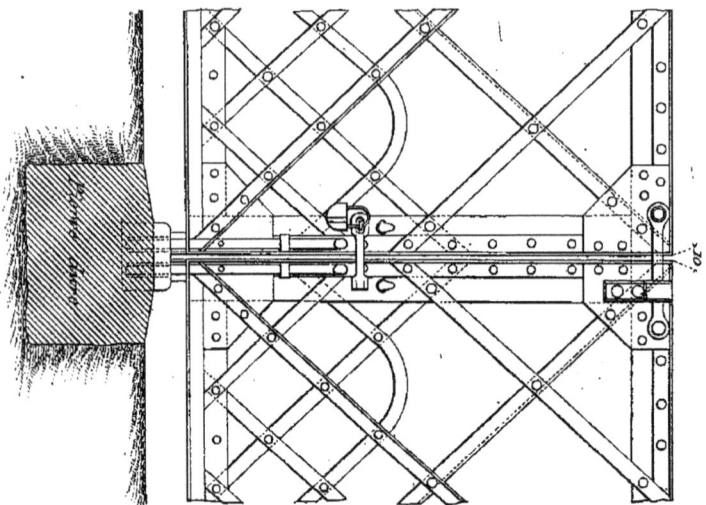

Porte en fer à établir dans les clotures

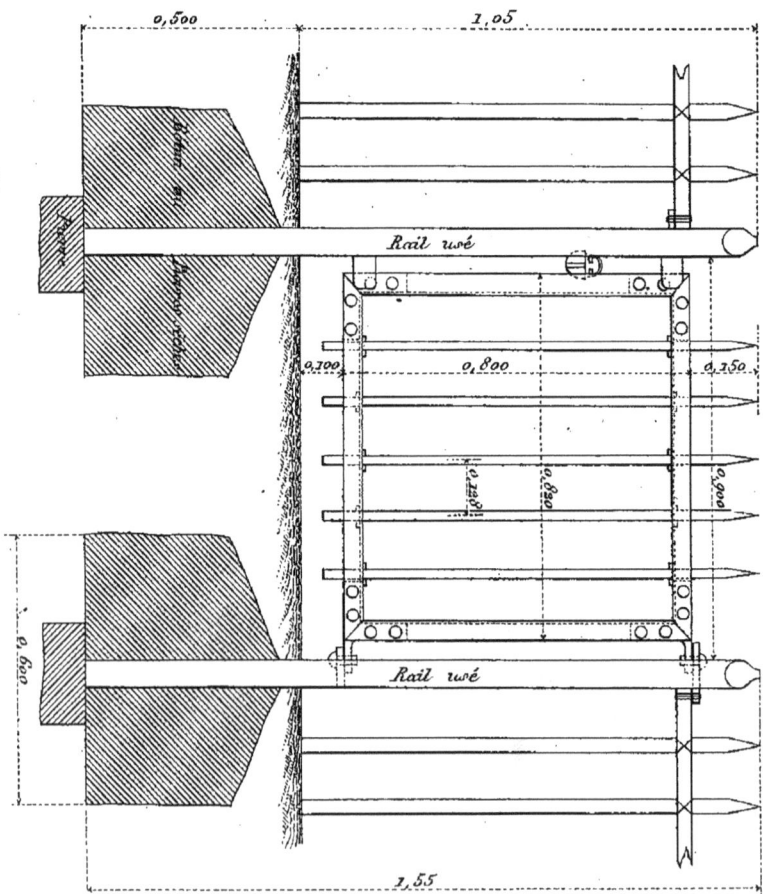

Élévation

Echelle 1/20

0,500

1,05

Rail usé

0,700

0,800

0,150

0,900

0,600

Rail usé

1,55

Pl.43

Tuyaux à emboîtement et cordon
Modèles de la Ville de Paris

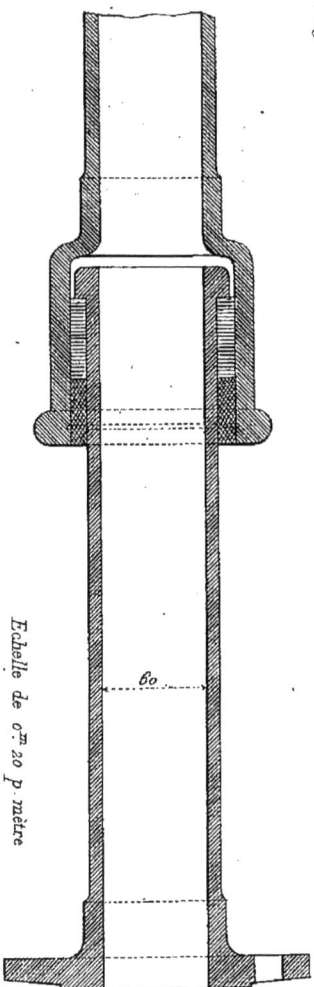

Echelle de 0ᵐ.20 p. mètre

		Fût du tuyau		Emboîtement			
	Diamètre intérieur	Longueur	Epaisseur minima	Diamètre intérieur	Longueur	Epaisseur minima	Poids total
Dimensions des conduites pour les nouvelles installations	60	2ᵐ.,	8	100	9	12	32
	100	3 "	10	140	11	15	84
	125	3 "	10	165	11	15	110
	150	3 "	10,5	191	11	15	122
	200	3 "	11	242	11	15	174
Dimensions des conduites pour l'entretien, améliorations et prolongements	54	2 "	8.	100	9	12	28
	81	3 "	9,5	120	11	13,5	67
	108	3 "	10	148	11	14	91
	135	3 "	10	175	11	14	112
	162	3 "	10,5	203	11	14,5	140

Nota : *Les tuyaux à emboîtement et bride, à bride et cordon, à 2 emboîtements et à 2 brides se font à 1ᵐ,00 de long.*

Série des tuyaux à bride

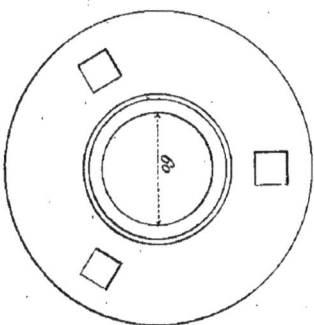

Dimensions des brides			
Diamètre intérieur de tuyaux	Diamètre extérieur	Epais.ʳ Brut.ᵉ	Nombre de trous
60	180	15	3
100	250	17	4
125	270	17	5
150	306	18	6
200	355	20	6
54	174	14	3
81	224	16,5	3
108	253	17	3
135	280	17	4
162	317	18	6

Pl. 44

Série des manchons droits

Manchon droit pour tuyau de 100 m/m

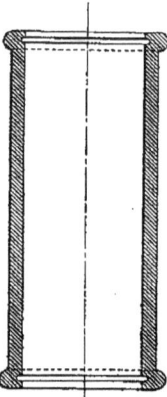

Diamètre des Tuyaux auxquels ils correspondent.	Diamètres intérieurs	Poids des manchons ordinaires sans tubulures.
81	121	20
100	142	25
108	150	27
135	180	38
150	193	32
162	210	46
	220	48

Série des tuyaux de plomb
Diamètre int.r 44 m/m 39 27

Manchon tubulé pour tuyau de 100 m/m

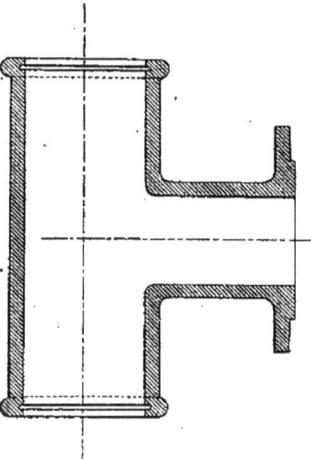

Tuyau conique

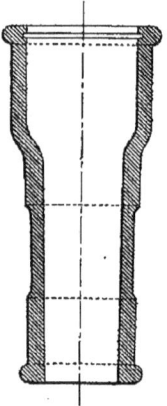

Echelle de 0.m10 p.mètre

Série des tuyaux courbes

Tuyau courbé de 100 m/m

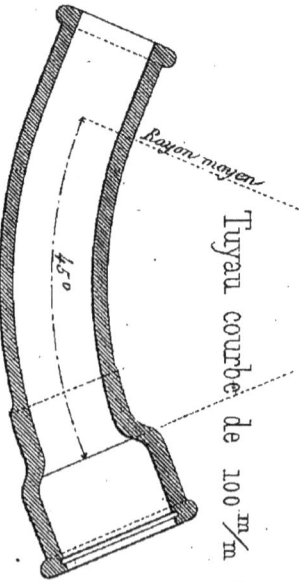

Rayon moyen 45°

Diamètre des Tuyaux auxquels ils correspondent	Rayons moyens des courbes		
	au 1/4 90°	au 1/8 45°	au 1/16 22°30'
81	500	500	500
100	500	500	500
108	500	500	500
135	500	500	500
	750	750	500
150	500	500	750
162	500	500	500

Pl. 45

RÉSERVOIR A FOND SPHÉRIQUE DE 100 MÈTRES CUBES
Installation des Colonnes d'alimentation et des Echelles

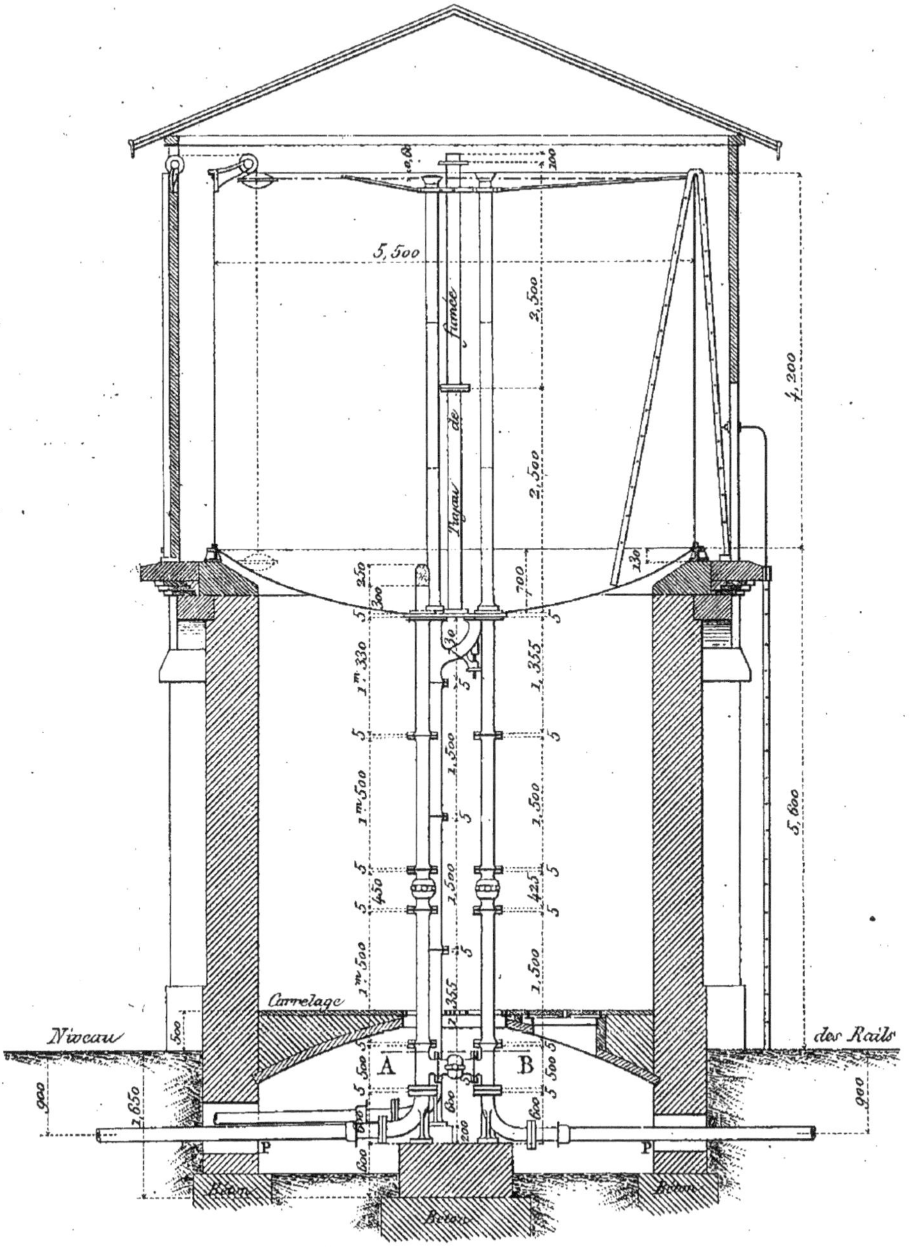

Niveau

des Rails

Carrelage

Plan et Coupe AB.

Echelle de $0^m 01$ p. mètre

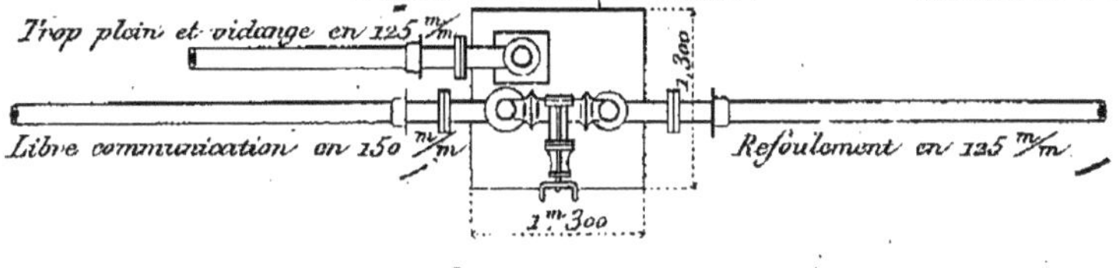

Trop plein et vidange en 125 $^m/_m$

Libre communication en 150 $^m/_m$

Refoulement en 125 $^m/_m$

$1^m. 300$

Nota: Caler fortement les conduites en P.

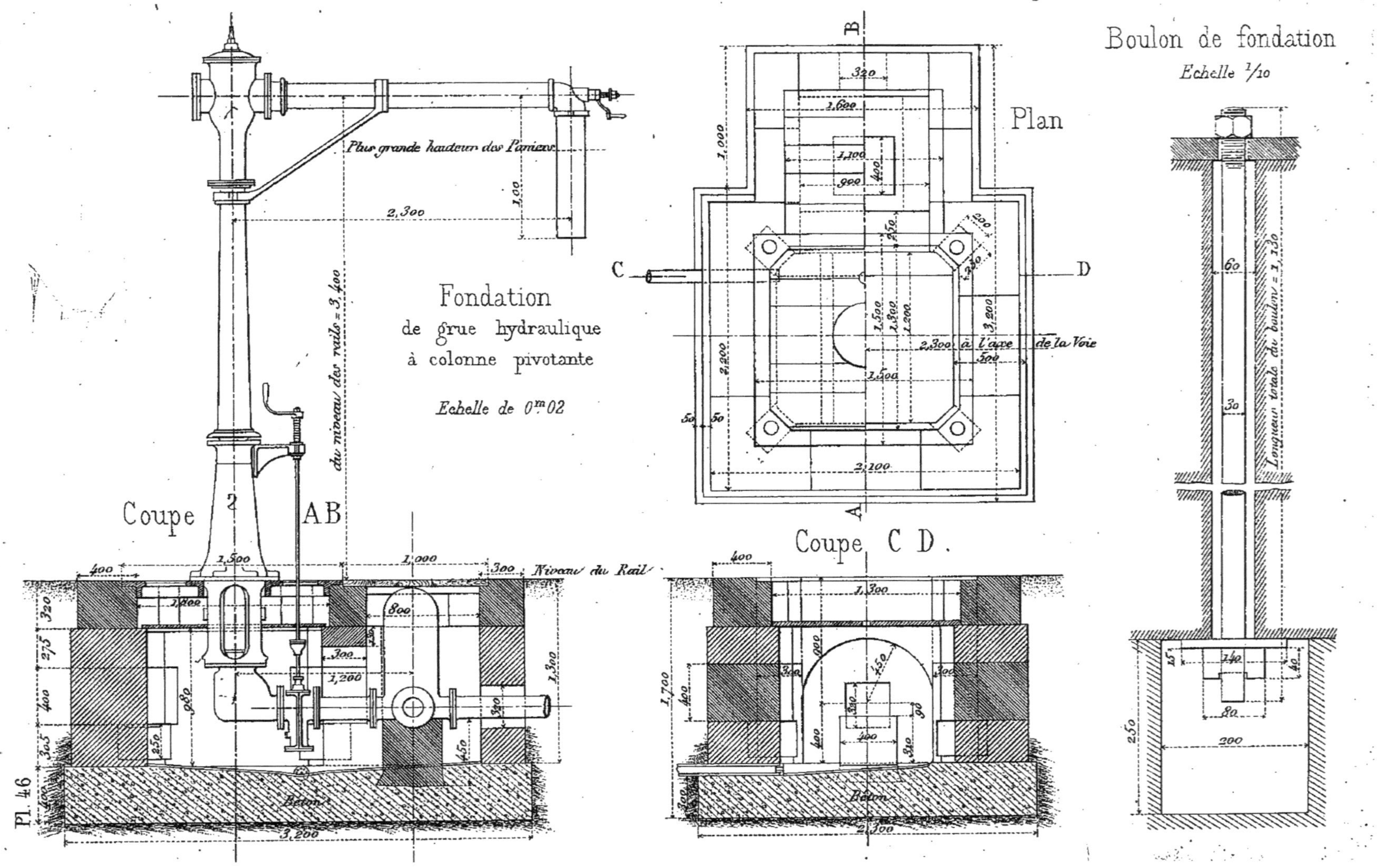

Pl. 46

Coupe 2 AB

du niveau des rails = 3,400

Fondation
de grue hydraulique
à colonne pivotante

Echelle de 0m02

Plus grande hauteur du Panier

2,300

1,000

Niveau du Rail

Coupe C D.

A

B

Plan

2,300 à l'axe de la Voie

3,200

Boulon de fondation

Echelle 1/10

Longueur totale du boulon = 1,130

Pl. 47

BORNE-FONTAINE
avec raccord à incendie

Coupe suivant l'axe
Echelle ⅕

Élévation
Echelle ¹/₂₀

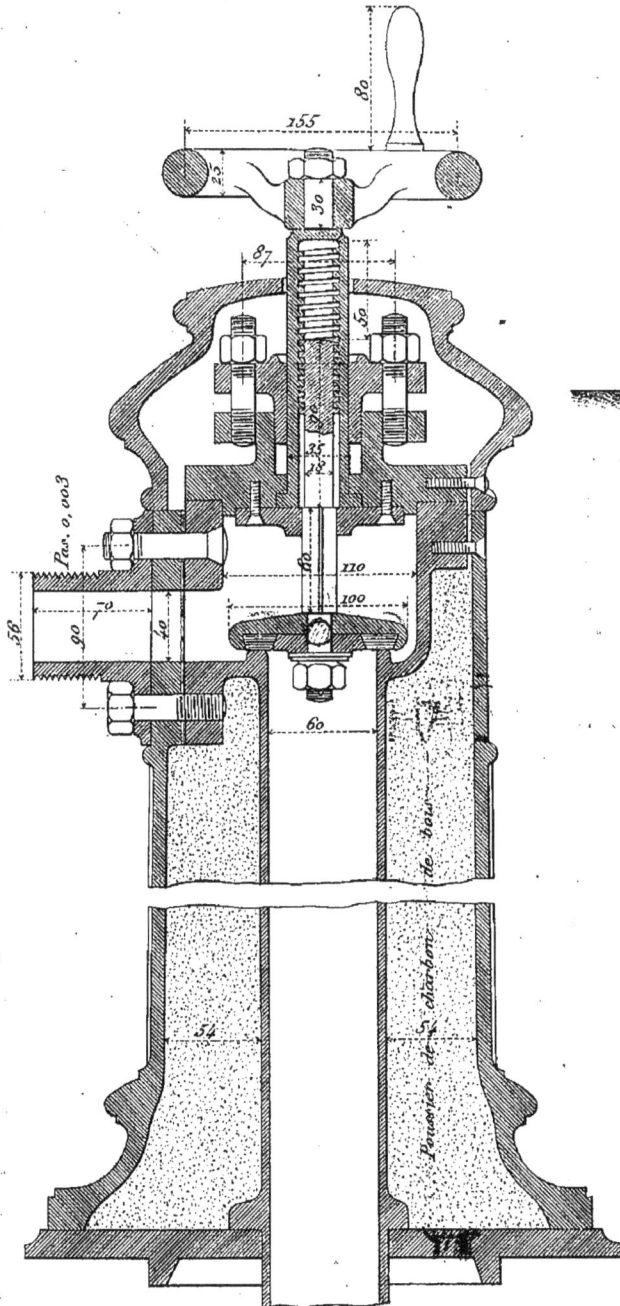

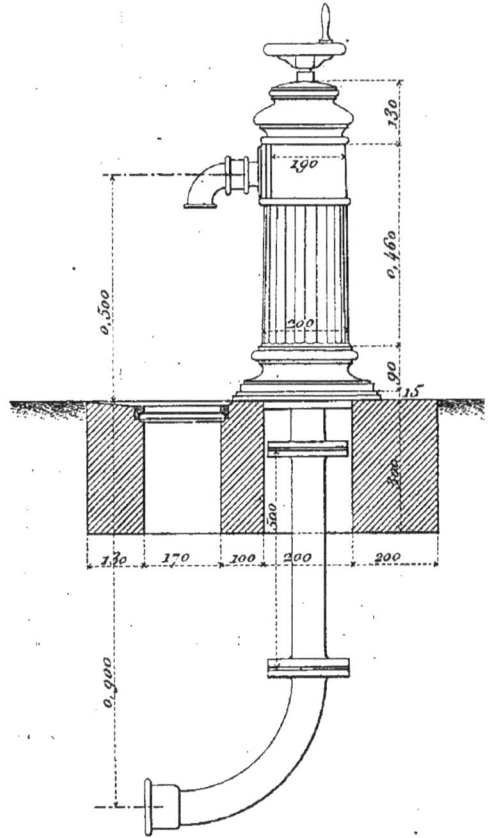

Plan

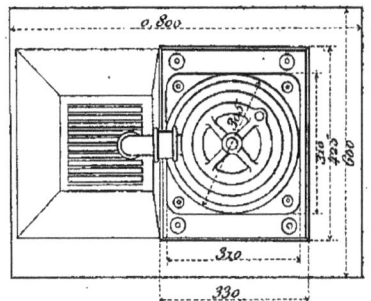

Pl. 48.

VALVE A DOUBLE TIROIR DE 0ᵐ125.

Coupe suivant A B.

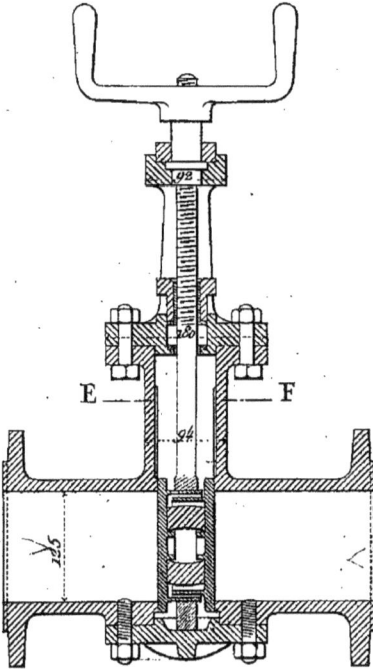

Elévation.

E   F

A

B

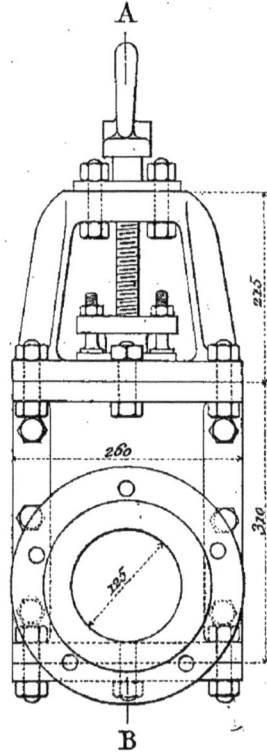

Plan et Coupe suivant E F.

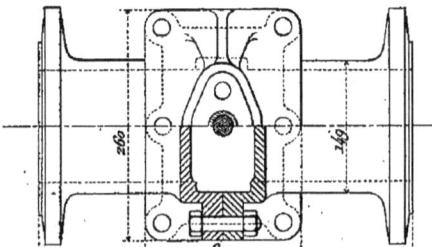

Joint à oreillons

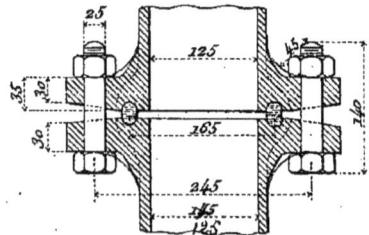

0,290	pour valves de	60 ᵐ/ₘ	
0,400	id.	de 100 ᵐ/ₘ	
0,425	id.	de 125 ᵐ/ₘ	
0,450	id.	de 150 ᵐ/ₘ	
0,450	id.	de 200 ᵐ/ₘ	

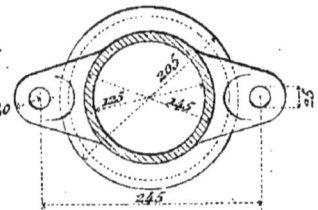

Echelle de 0ᵐ10 p. mètre.

Echelle de niveau d'eau
pour Réservoir de 100 m.c.

Robinet de lavage
des Machines

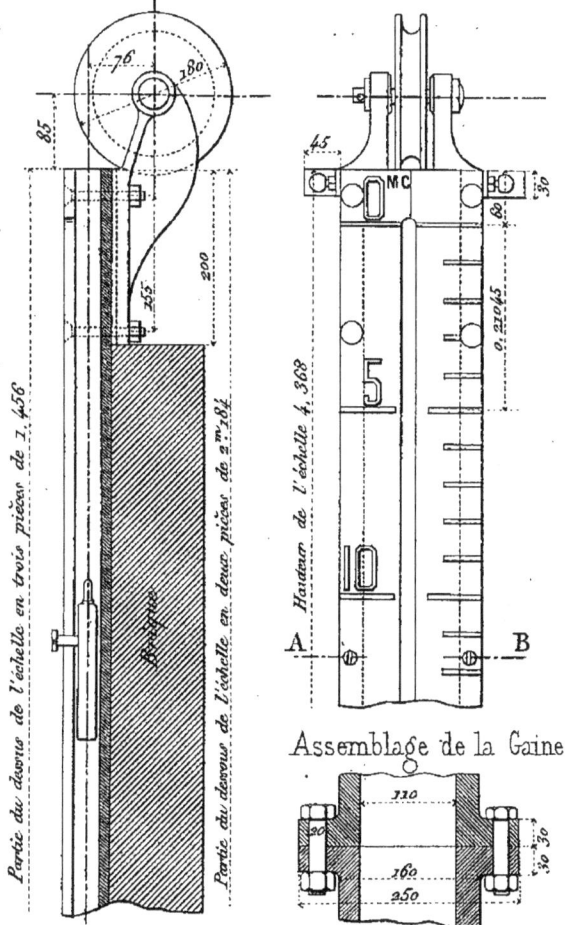

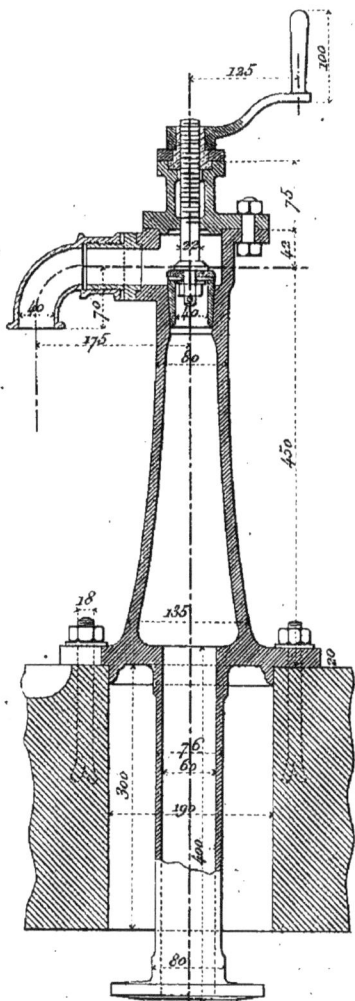

Pl.49

Partie du dessus de l'échelle en trois pièces de 1,456

Partie du dessous de l'échelle en deux pièces de 2m,84

Hauteur de l'échelle 4,368

M C

5

Brique

A   B

Assemblage de la Gaine

Plan

Coupe suivant A B
Ech. de 0m,20

Brique

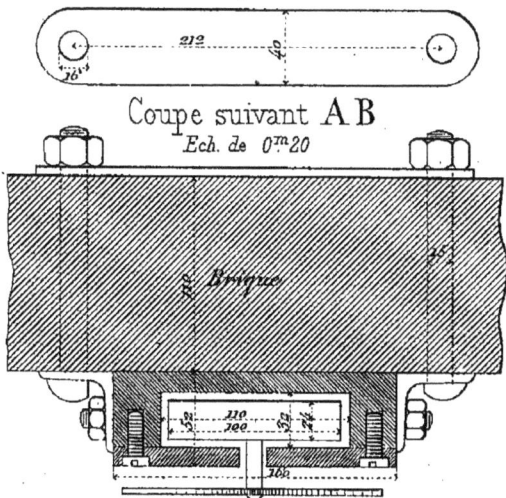

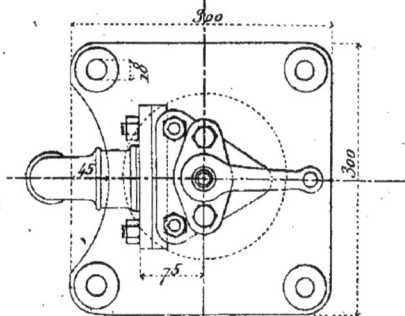

Echelle de 0m,10

Pl. 50

REGARD POUR VALVES

à établir sur les points ou ne circulent point les chevaux

Coupe suivant A B

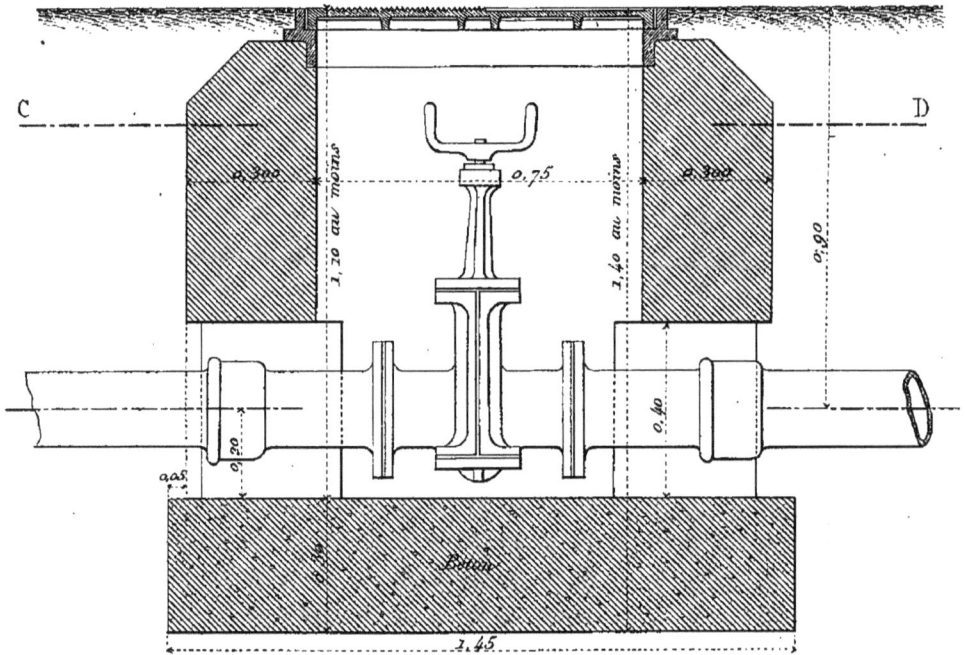

Demi-coupe CD _ Demi-plan

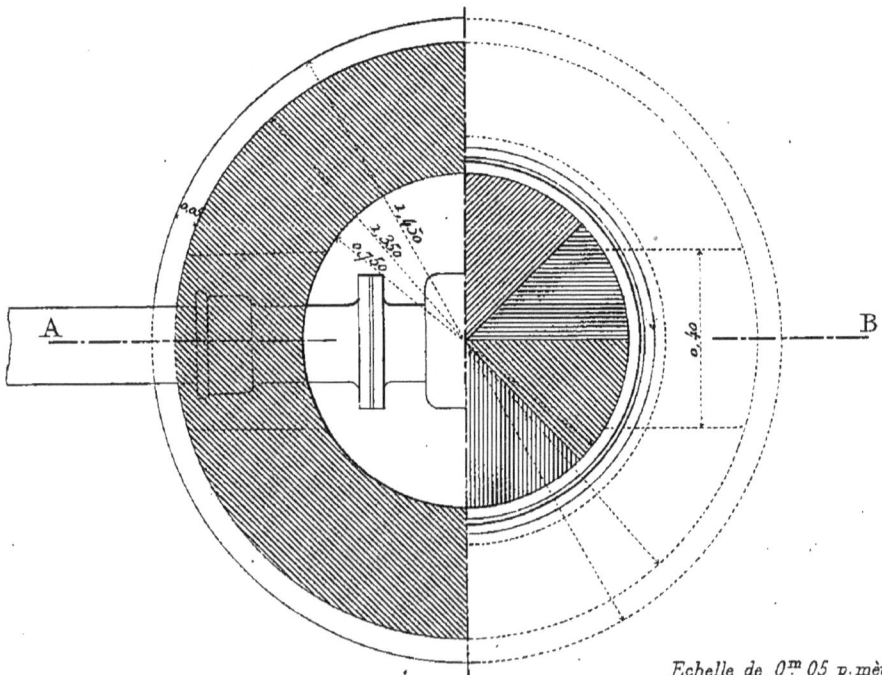

Echelle de 0ᵐ 05 p. mètre

à établir sur les points ou circulent les chevaux

Coupe suivant A.B.   *Type arrêté en 1869*

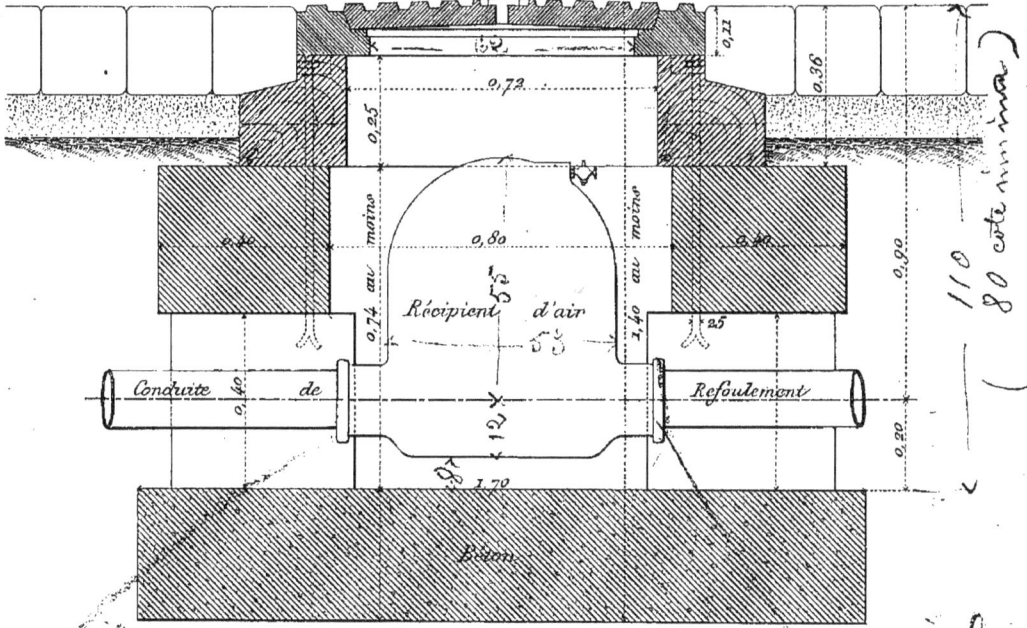

0,72

0,11

0,36

0,25

0,80   0,80

0,90

110 *cote minima*

(80 *cote minima*)

Récipient   d'air

0,74 au moins   1,40 au moins   25

Conduite   de   Refoulement

0,20

1,70

Béton

Plan

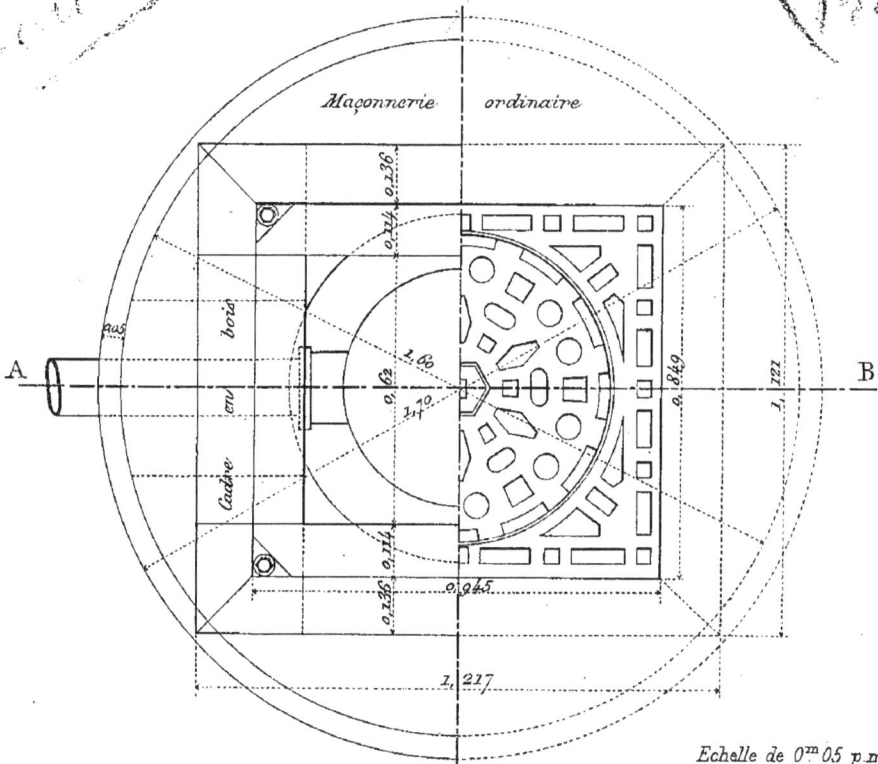

Maçonnerie   ordinaire

0,236

0,114

1,60

A   0,62   0,849   1,121   B

1,10

1,121

0,245

0,114

0,236

1,217

Echelle de 0.^m 05 p.mètre

Pl. 52

Tarière

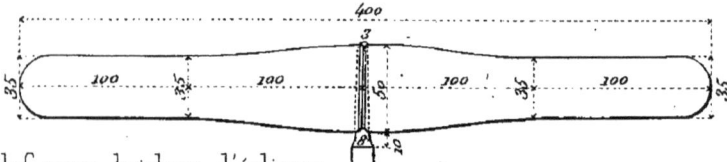

Clef pour boulons d'éclisses
de 0ᵐ 025 de Dᵉ

Clef pour boulons d'éclisses
de 0ᵐ 019 de Dᵉ

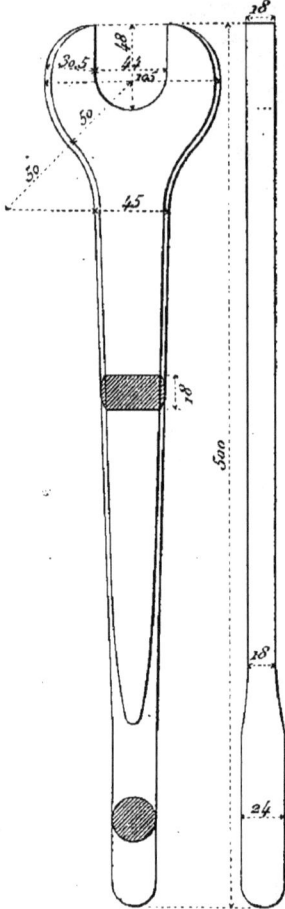

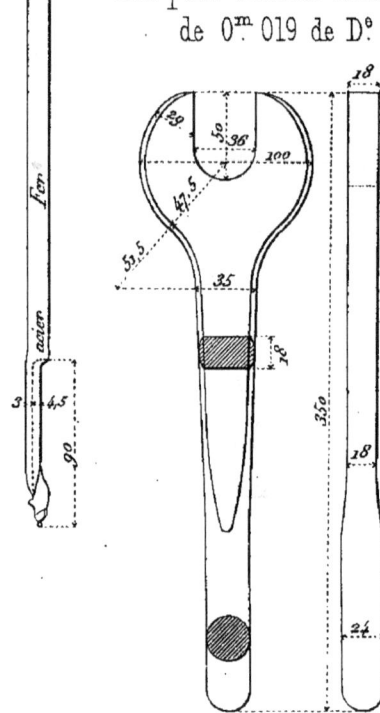

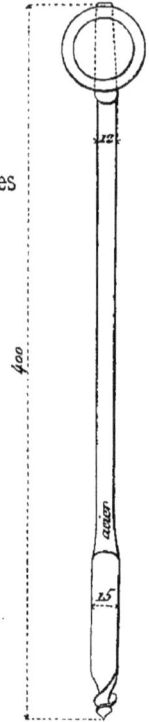

Marteau à cramponner et à cheviller

Echelle de 0ᵐ 2 p.mètre

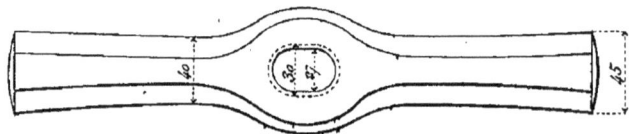

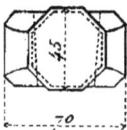

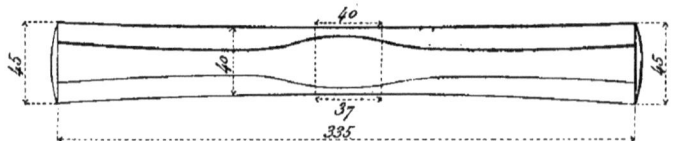

Pl.53

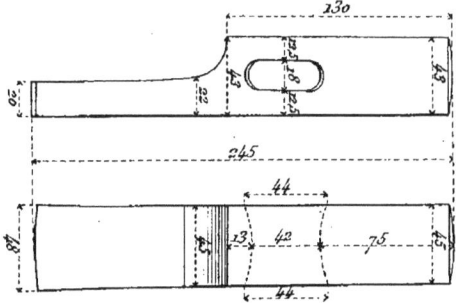

Chasses à coins

Petit modèle

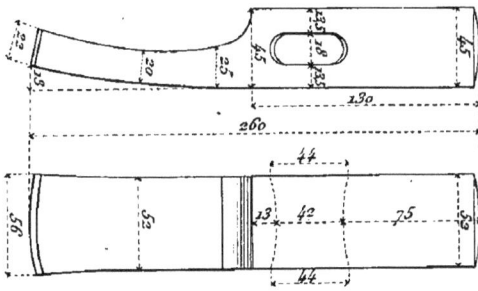

Grand modèle

Pinces à pied de biche (Petit et grand modèles)

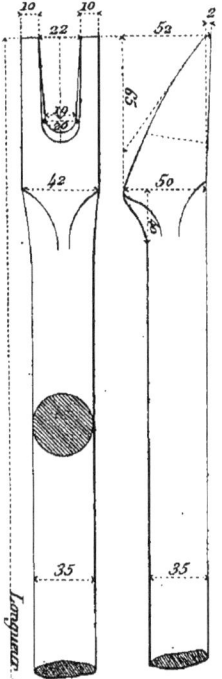

Longueur totale....... { 1,200 Petit modèle
{ 1,540 Grand modèle

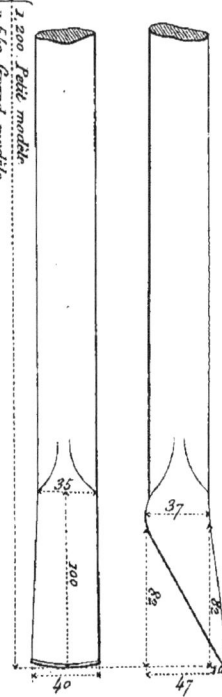

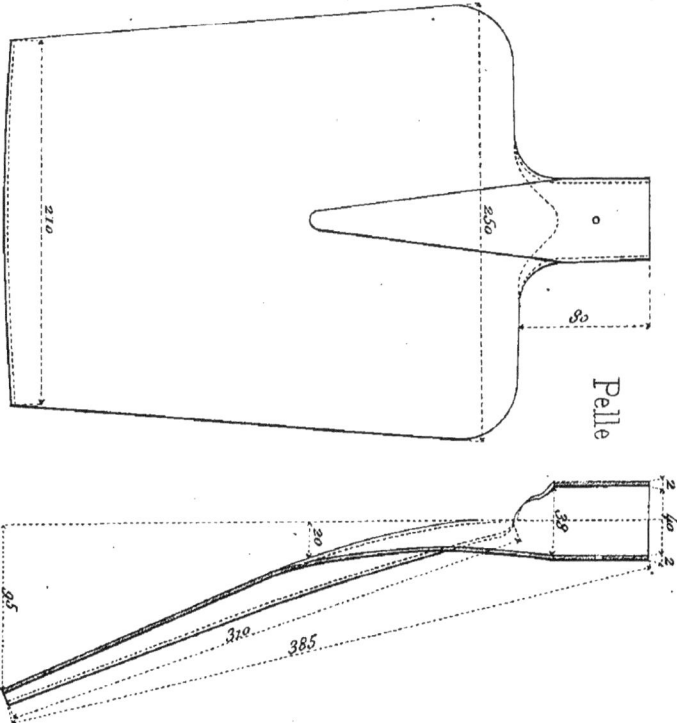

Pelle

Pl. 54

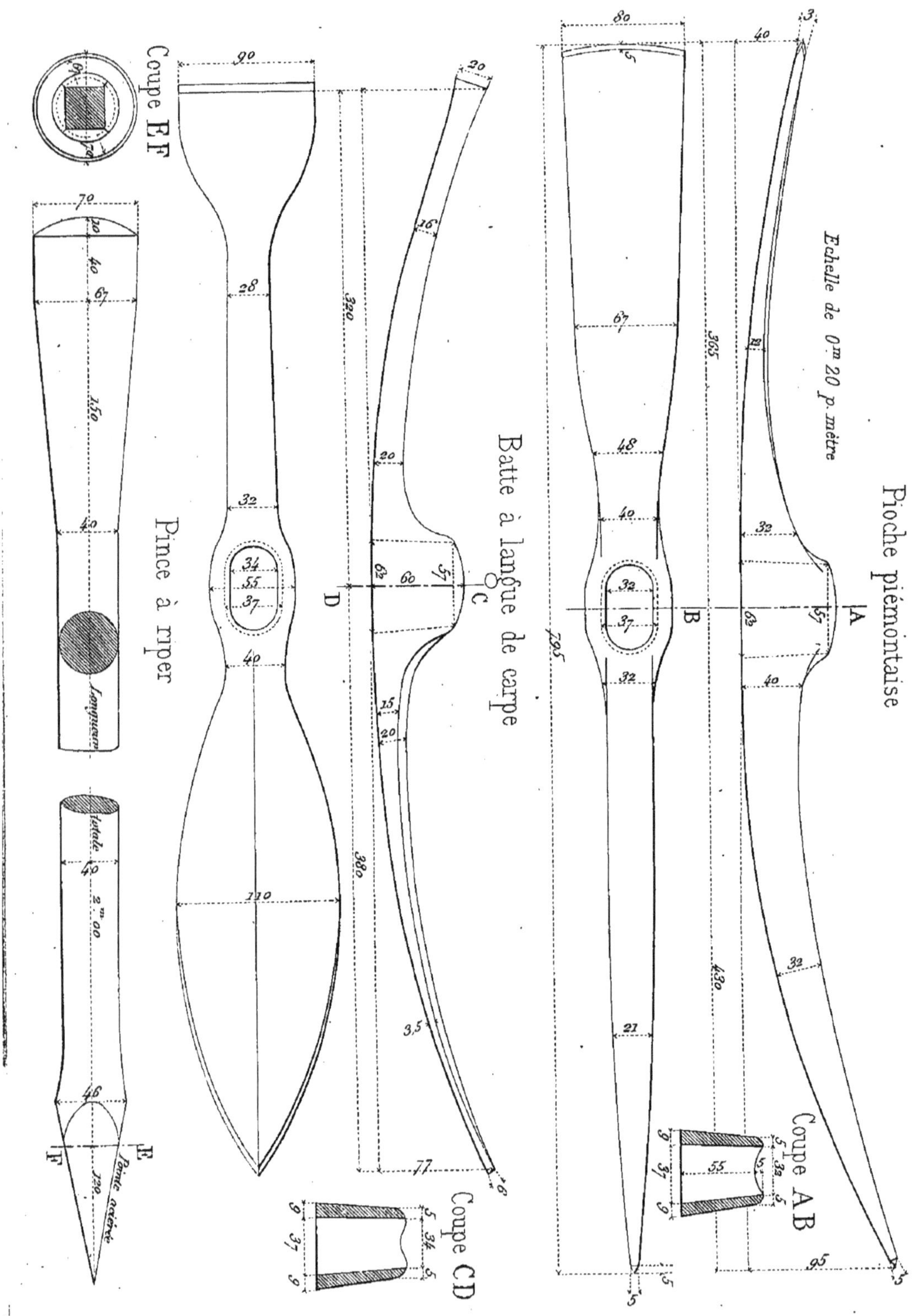
Pioche piémontaise
Echelle de 0m 20 p. mètre
Coupe AB
Batte à langue de carpe
Coupe CD
Pince à riper
Coupe EF
Longueur totale 2m 00
Pointe aciérée

Pl. 55

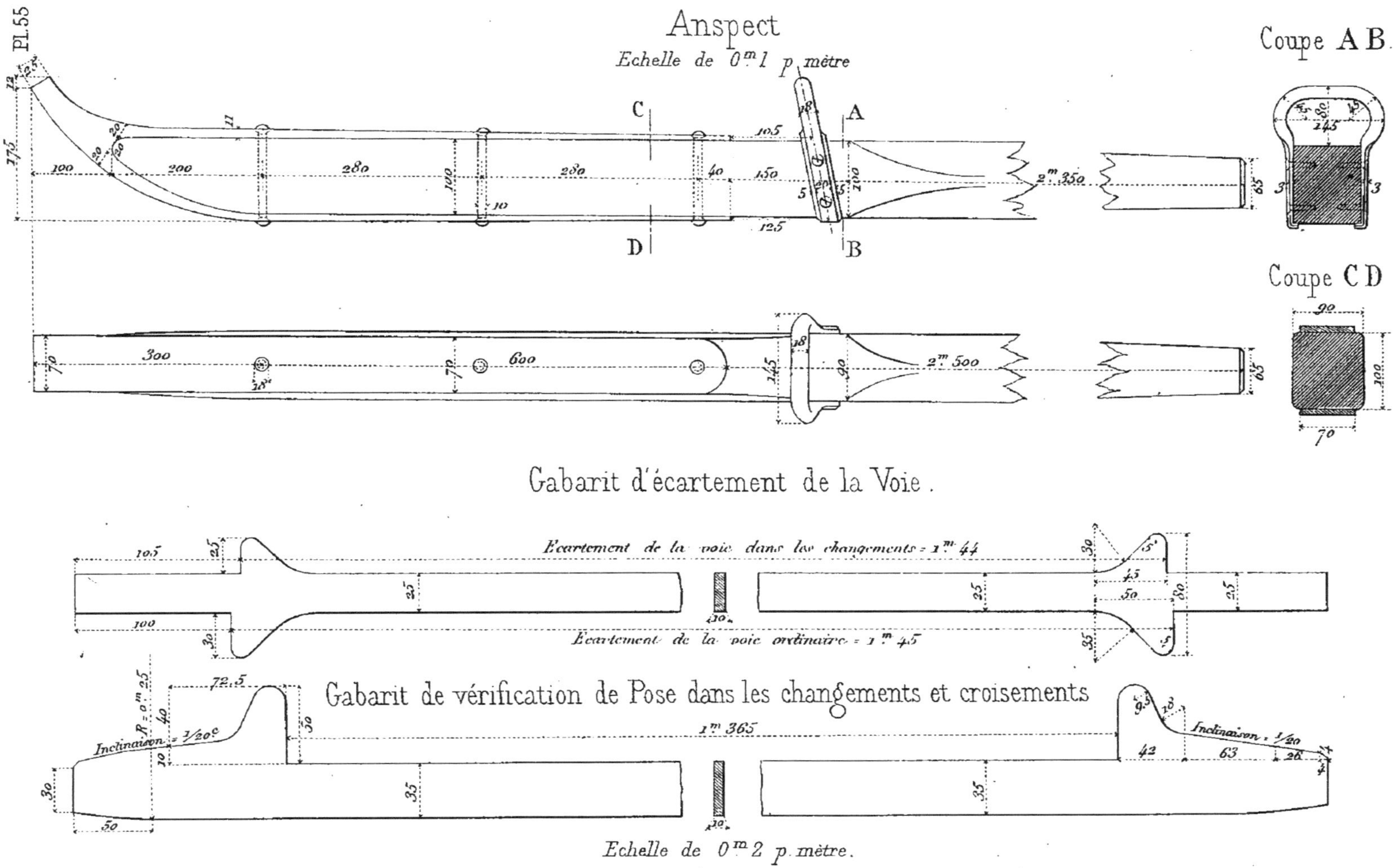

Anspect
Echelle de 0 m 1 p mètre

Gabarit d'écartement de la Voie.

Gabarit de vérification de Pose dans les changements et croisements

Écartement de la voie dans les changements = 1 m 44

Écartement de la voie ordinaire = 1 m 45

Echelle de 0 m 2 p. mètre.

Coupe A B

Coupe C D

Inclinaison = 1/20e

R = 0 m 25

PI. 56.

MACHINE A REDRESSER LES RAILS

établie sur un Wagonnet servant à transporter les Rails

Echelle de 0ᵐ 05 p. mètre

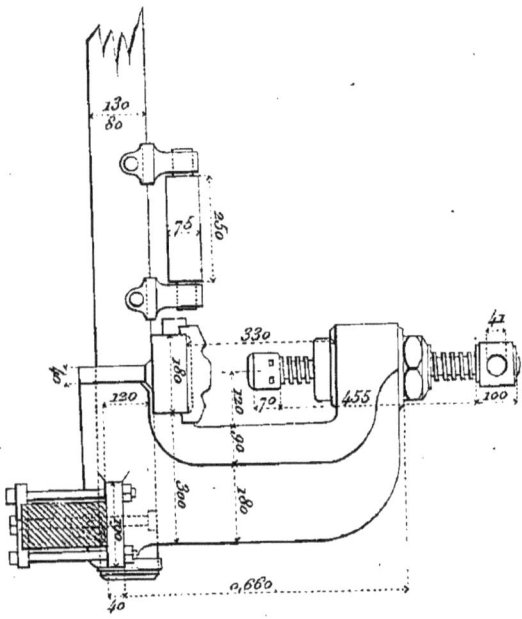

Profil

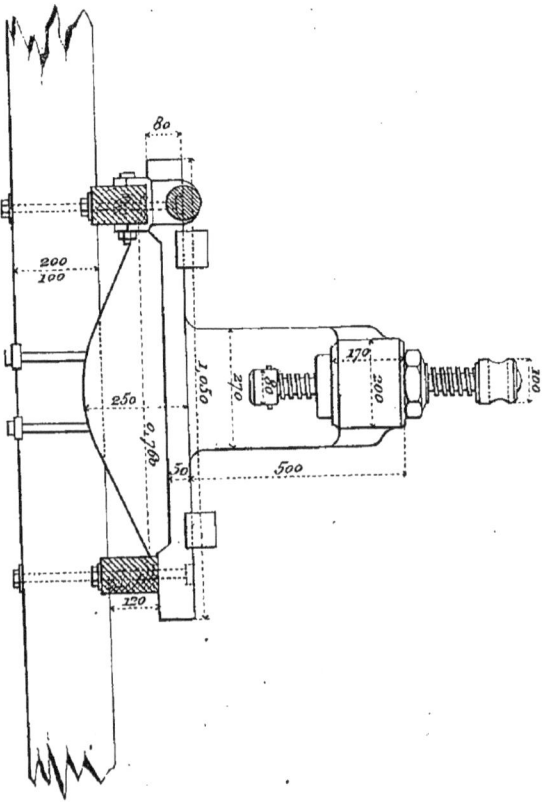

Elévation

Diamètre extérieur de la vis = 0, 060

Pas de la vis .... = 0, 015

Pl. 57

WAGONNET POUR LE SERVICE DE LA VOIE

(Charge = 1500 K^{os})

Elévation et Coupe longitudinale

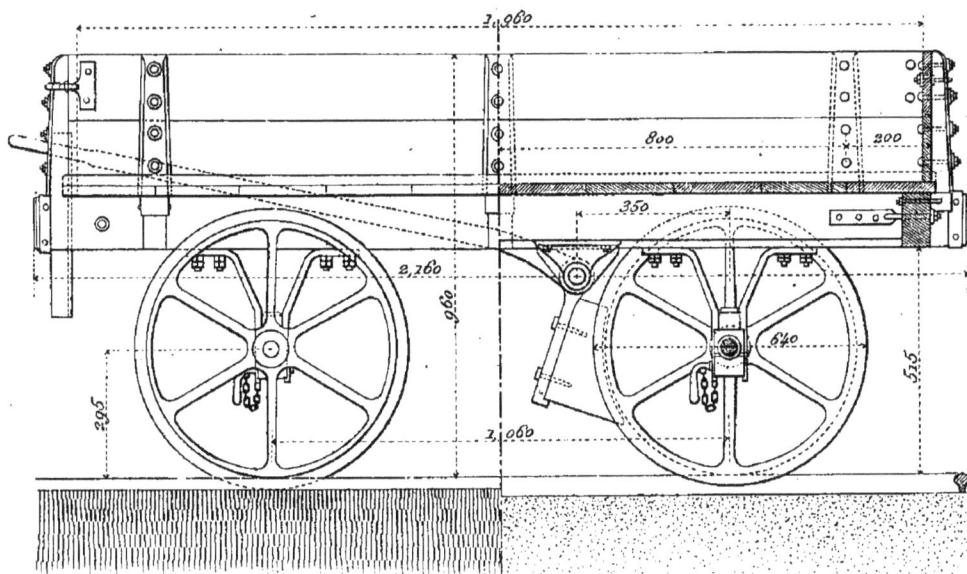

Profil et Coupe transversale

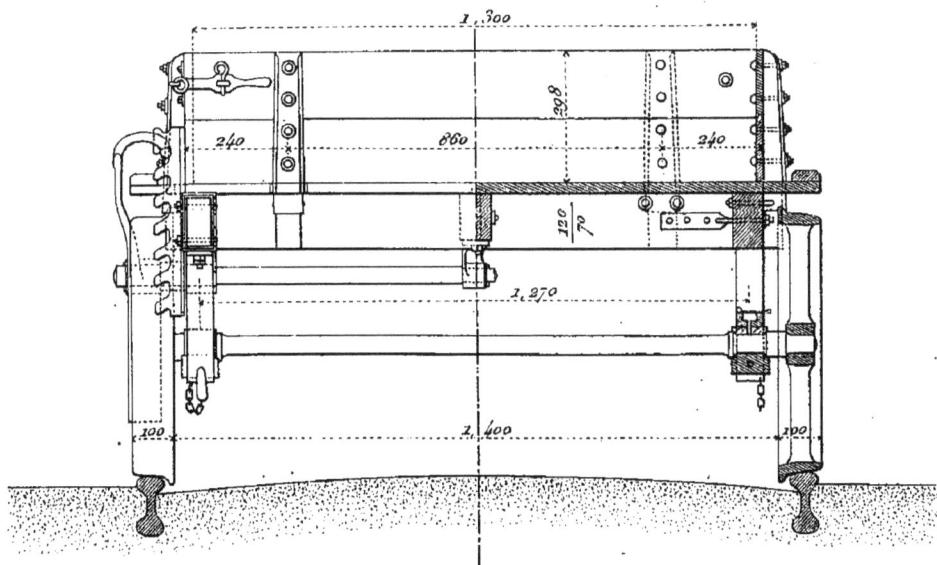

Echelle de 0^m 05 p. mètre

P. 58

Coupe de la plaque a

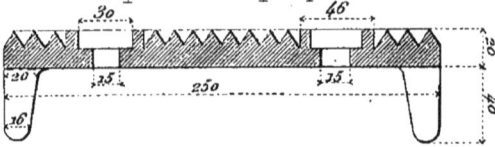

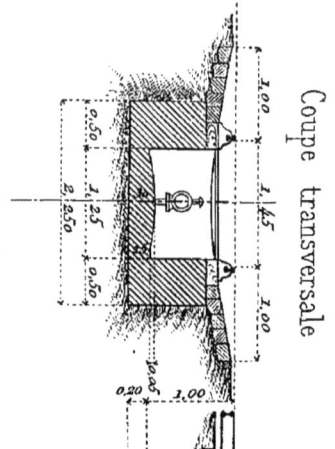

30   46

20   .15   250   .15   20

16   40

Coupe transversale

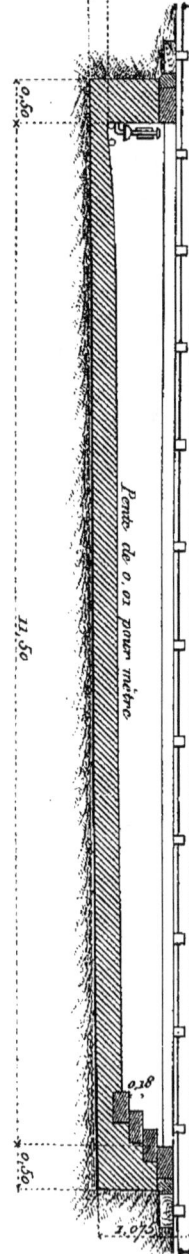

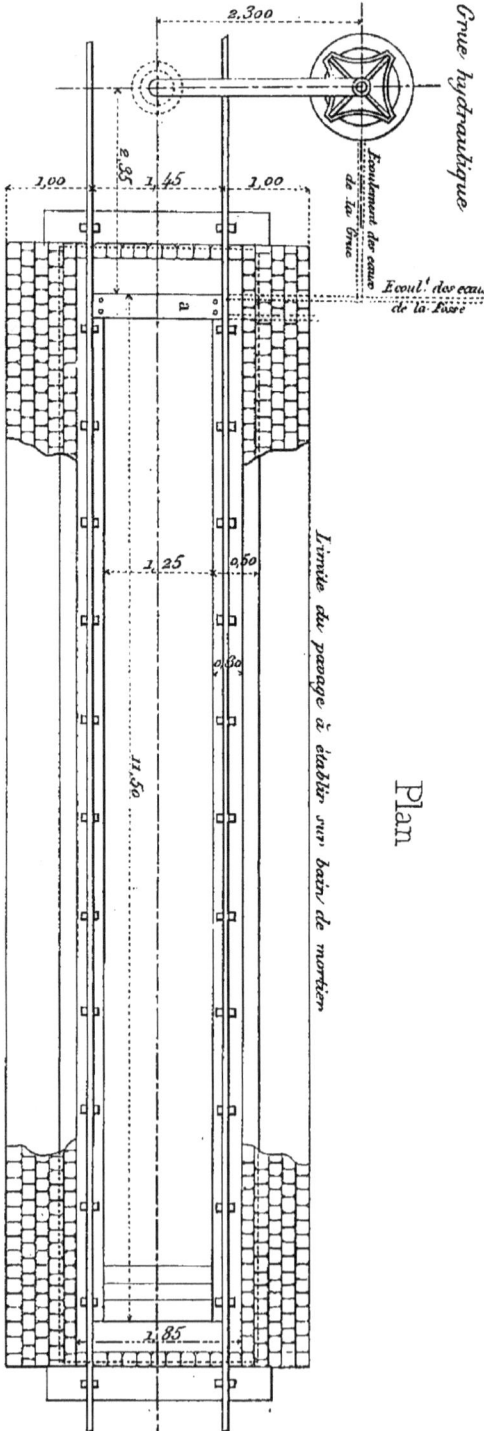

1.00

0.50   .15   1.45   1.00

2.50   1.25

2.50   0.50

1.06   1.00

0.20   1.00

Grue hydraulique

2.300

Écoulement des eaux de la Grue

1.00   0.35   1.45   1.00

Écoul.ᵗ des eaux de la Fosse

FOSSE À PIQUER LE FEU

Coupe longitudinale

0.50

Pente de 0.02 pour mètre

0.18

0.50

1.075

a

Limite du pavage à établir sur bain de mortier

1.25   0.50

0.50

11.50

Plan

2.85

Longueur des Fosses

11ᵐ.50 sur les voies de passage.
14ᵐ.00 pour les dépôts de 20ᵐ. de largeur.
13ᵐ.00 pour les dépôts de moins de 20ᵐ. de largeur.

Nota: La pente restera de 0ᵐ.02 p.ᵐ. quelle que soit la longueur des Fosses.

Pl. 59

GABARIT DE CHARGEMENT

Ensemble

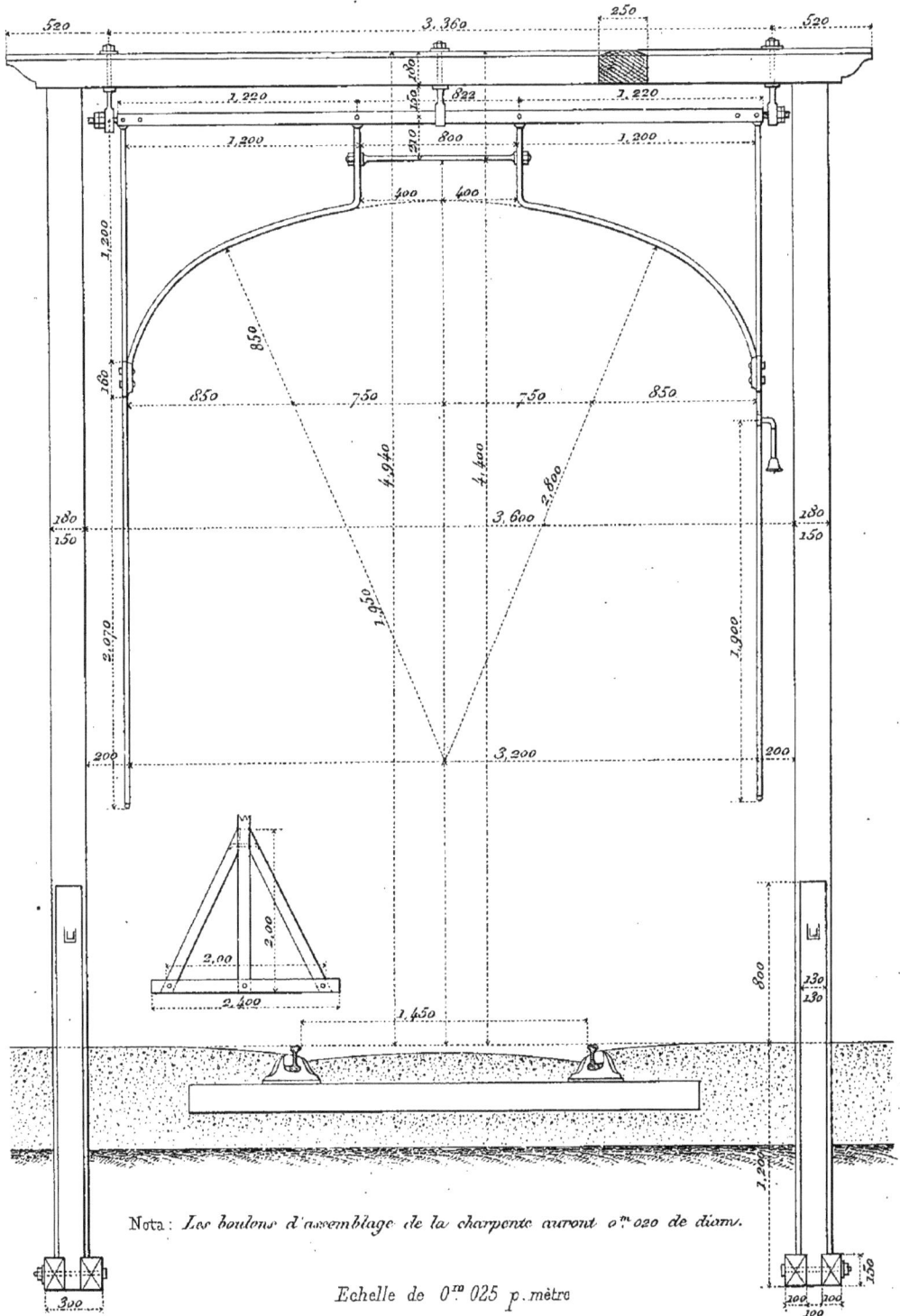

Nota: *Les boulons d'assemblage de la charpente auront 0ᵐ020 de diam.*

Echelle de 0ᵐ025 p. mètre

Pl.60.

QUAI D'EMBARQUEMENT DES CHAISES DE POSTE

Plan et Coupe C D

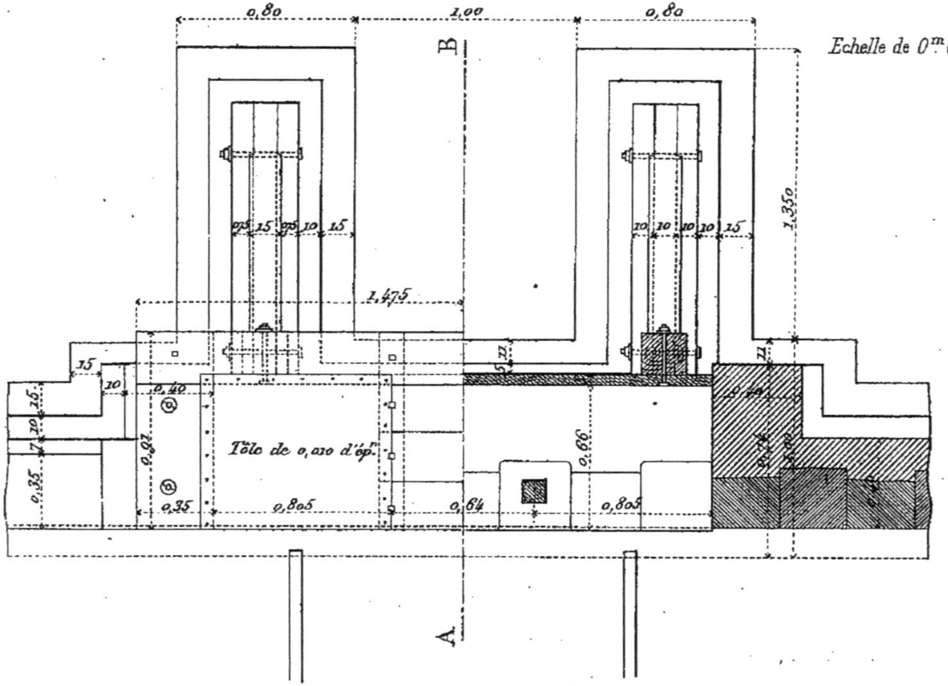

Echelle de 0ᵐ.025 p.m.

Tête de 0,20 d'é...

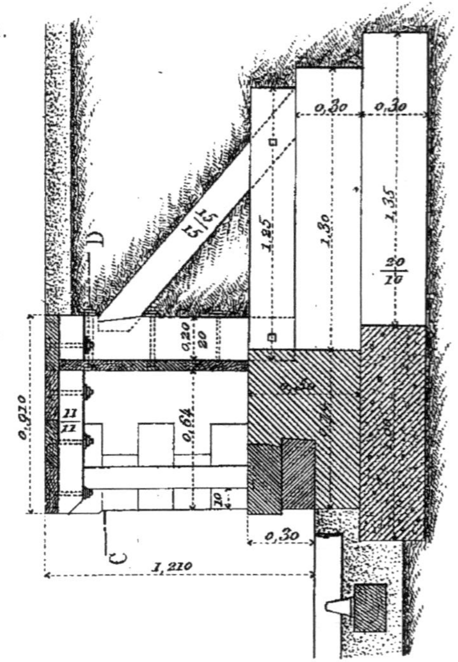

Nota : Les boulons d'assemblage de la charpente ont 0,020 de diamètre.

Les boulons de scellement ont 0,025 de diamètre sur 0,60 de longueur.

0,35 7 10 15

0,97

0,35

0,40

0,80

1,425

1,00

0,80

5,11

0,66

1,350

0,74

Coupe A B

0,910

1,210

0,64

0,20
20

10

0,30

1,25

1,30

1,35

Pl. 61

Axe   des   Voies   principales

Plan

Echelle de 0.^m 025 p. mètre

Coupe suivant A B

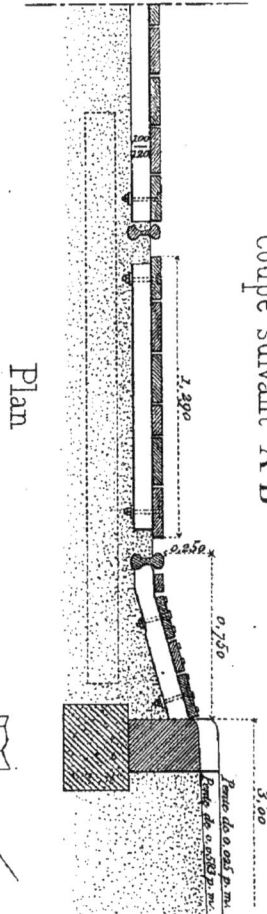

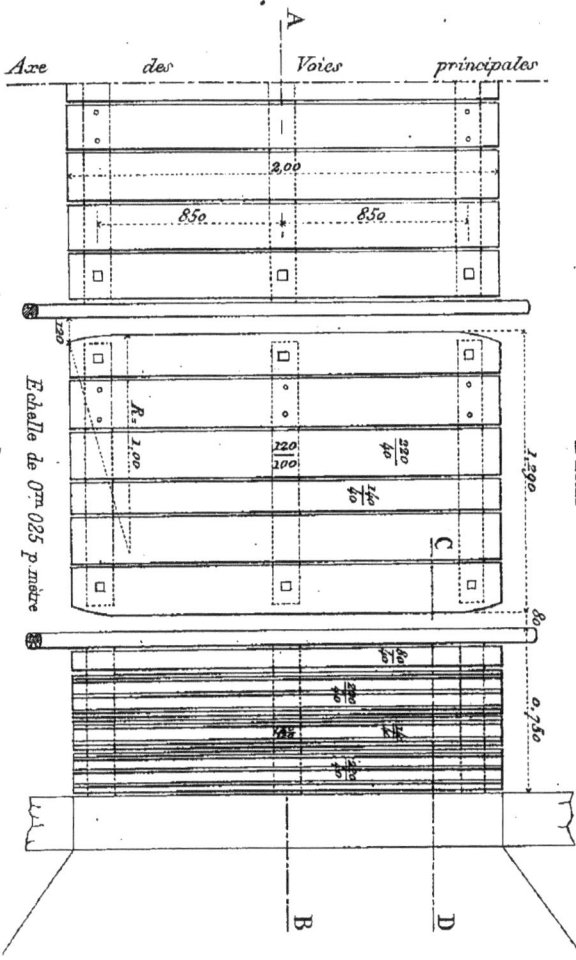

PASSAGE EN PLANCHES
à établir entre les trottoirs des Stations

Coupe suivant C D

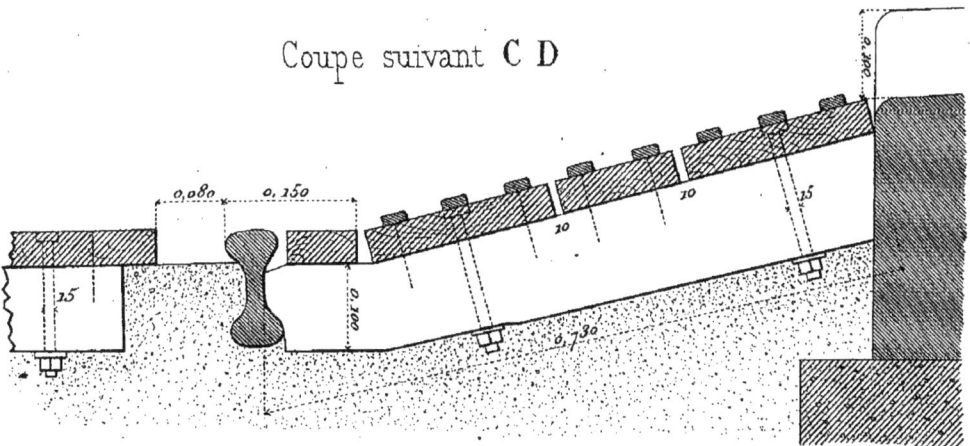

Echelle de 0.^m 10 p. mètre

Pl. 62   HEURTOIR DES VOIES DE GARAGE

Elévation

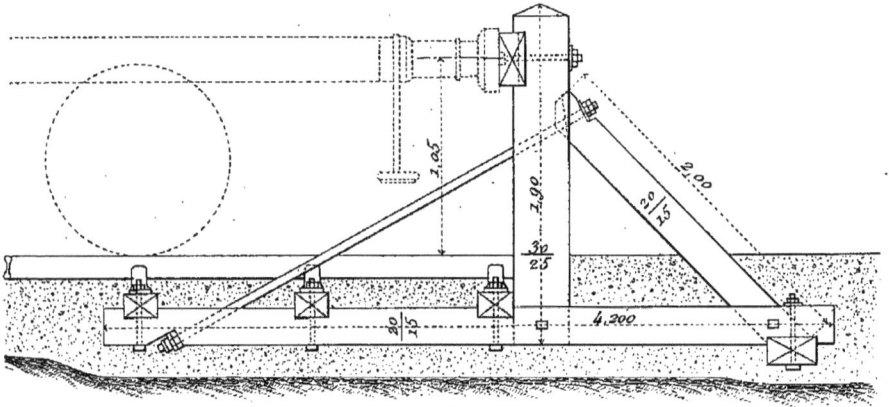

Plan

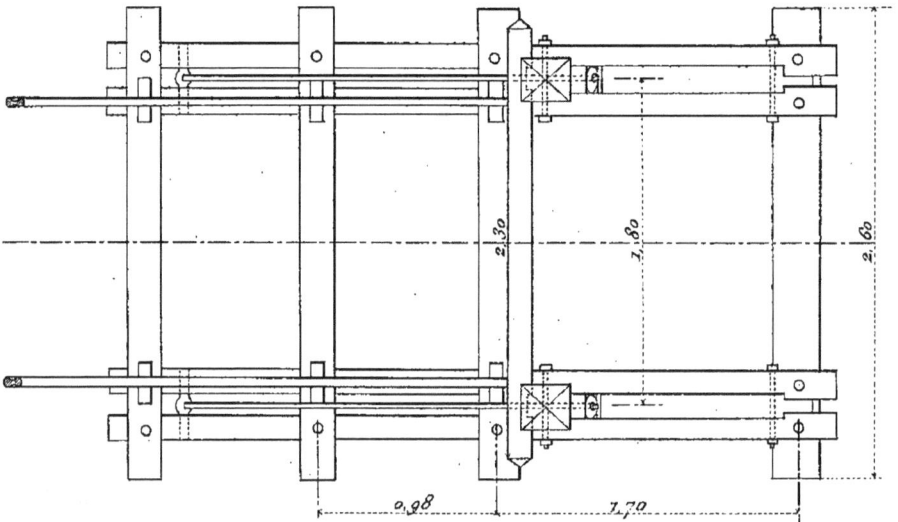

0,98   1,70

Tirant

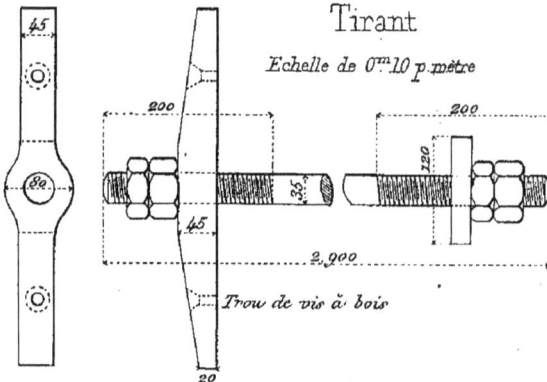

Echelle de 0^m10 p.mètre

Echelle de 0^m02 p.mètre

Nota

Les boulons d'assemblage de
la charpente ont 0,020 de diam.

2,900

Trou de vis à bois

Pl. 63

Arrêt de wagons pour voie de remisage

Elévation

Arrêt en rail recourbé

placé à l'extrémité des voies de remisage

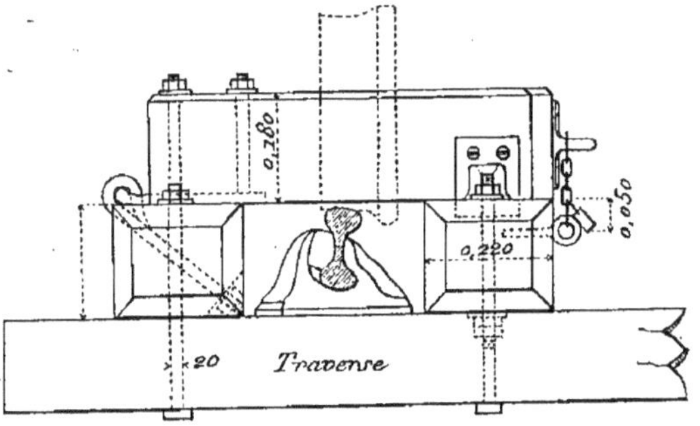

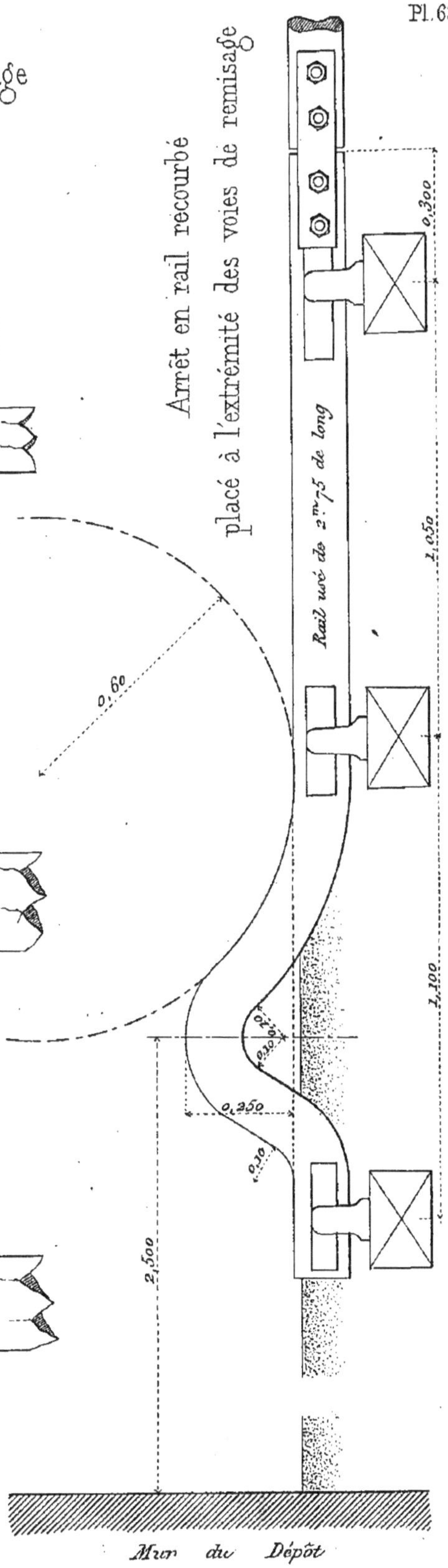

Rail usé de 2ᵐ,5 de long

0,300

1,050

0,280

0,050

0,220

20   Travense

Plan

0,60

1,100

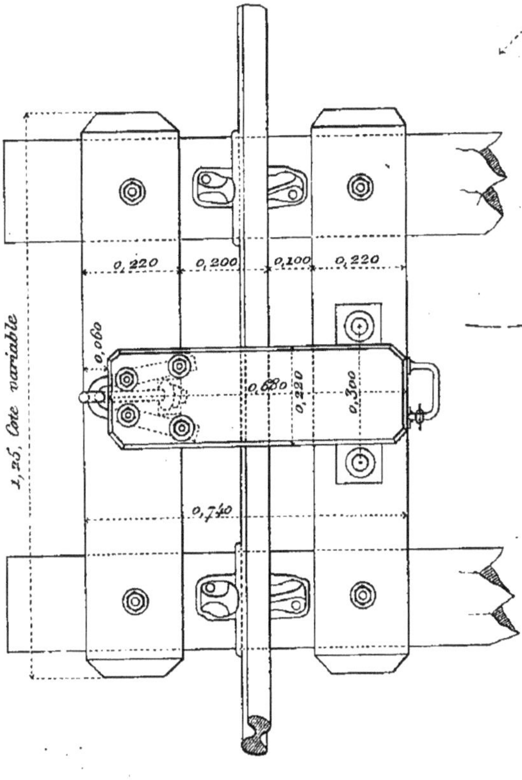

0,220   0,200   0,100   0,220

0,060

0,220   0,300

0,680

0,210

0,250

0,210

0,740

1,25, Cote variable

2,500

Echelle de 0ᵐ05 p.mètre

Mur   du   Dépôt

Pl. 64

POTEAUX-SUPPORTS EN VIEUX RAILS

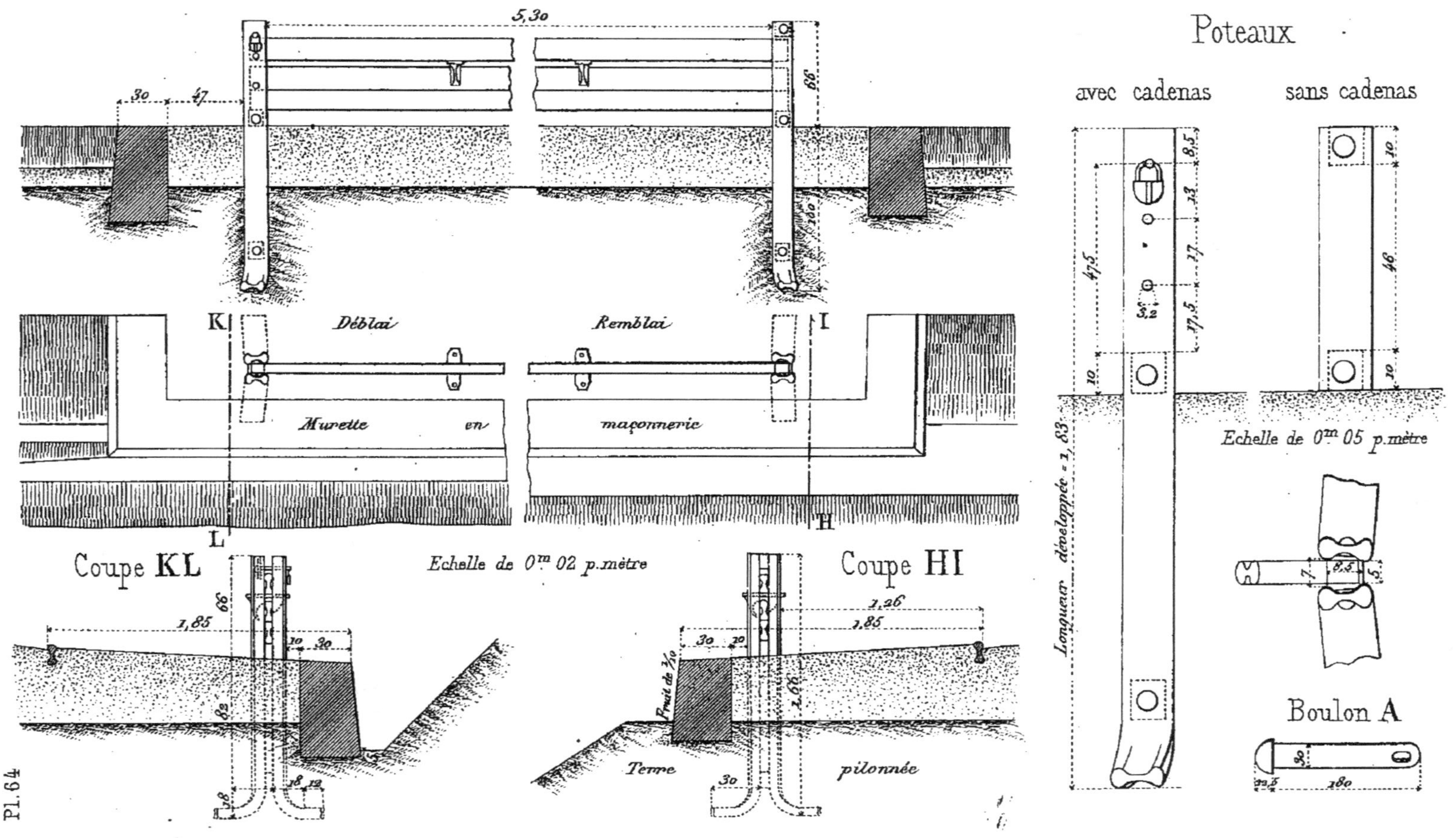

Coupe KL

Echelle de 0m 02 p.mètre

Coupe HI

K

Murette

Déblai

en

maçonnerie

Remblai

I

H

Terre

Fruit de 3/10

pilonnée

Longueur développée = 1,83

Poteaux

avec cadenas

sans cadenas

Echelle de 0m 05 p.mètre

Boulon A

Pl. 65

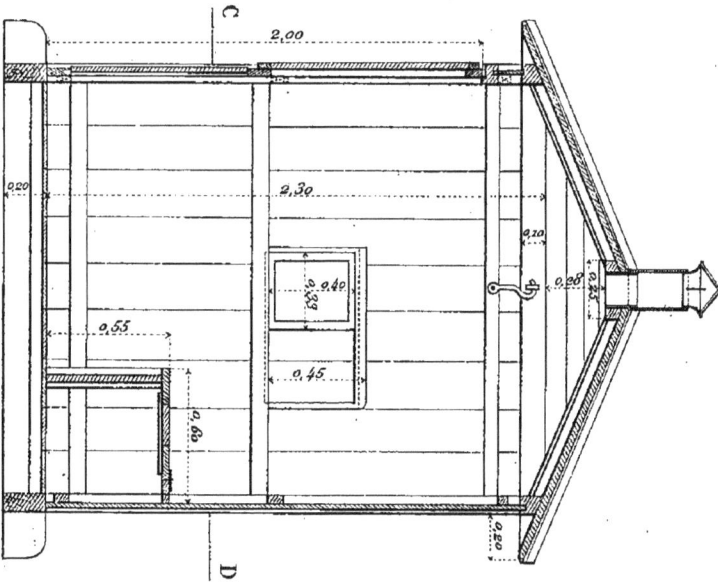

Coupe A B

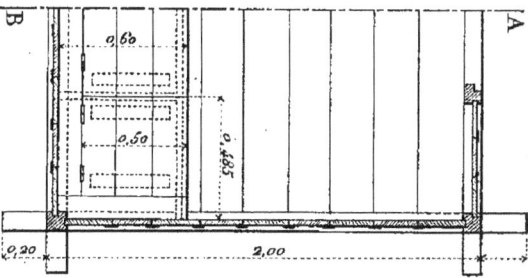

Coupe suivant CD
et
Demi-plan

GUÉRITE DE CANTONNIERS

Echelle de 0ᵐ 025 p. mètre

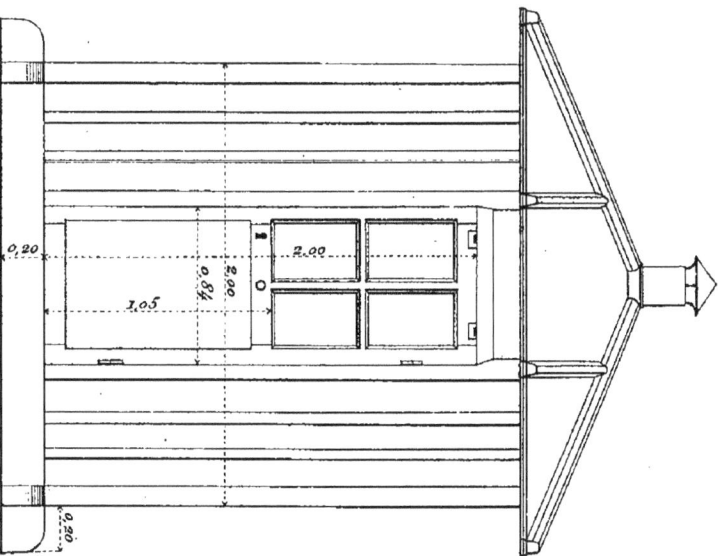

Élévation

Pl.66.

Clôture en treillage

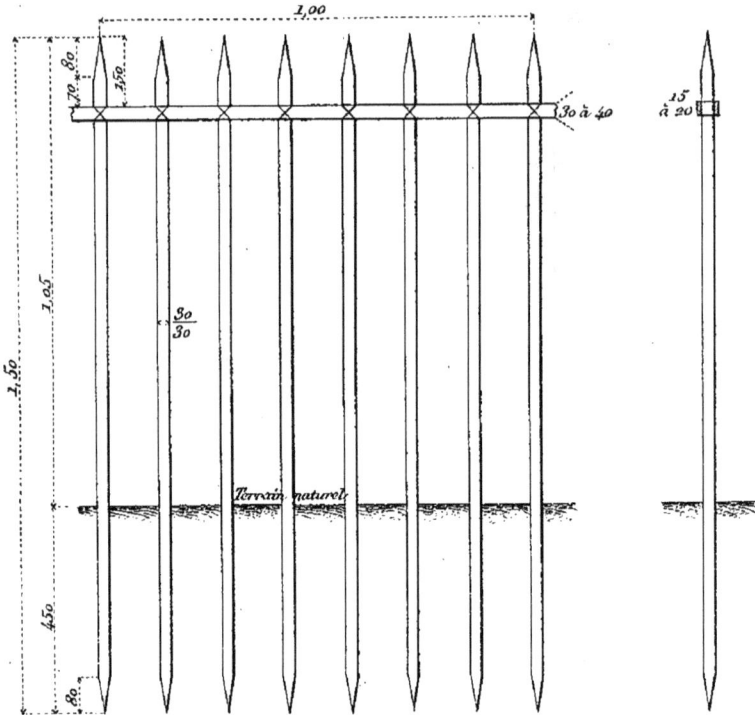

1,00

70.80
50.
1.05
30/30
Terrain naturel
1.50
45.
80
30 à 40
15 à 20

Cloture des Stations

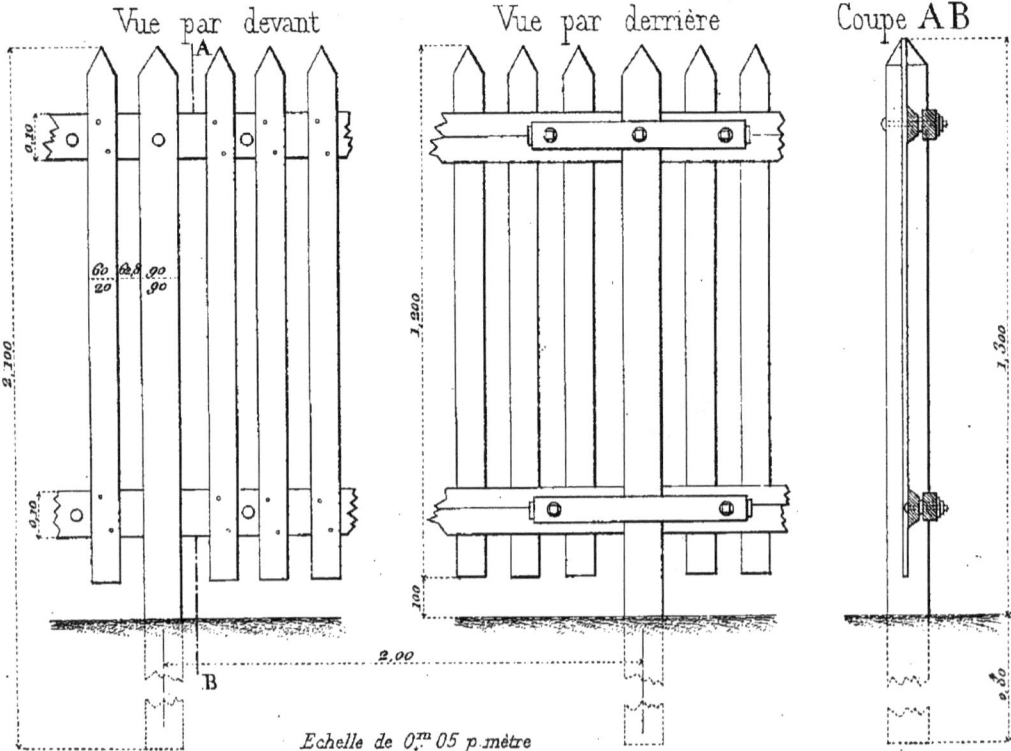

Vue par devant

A
0,10
60 /20 0,8 90 /90
2,100
0,10
100
B
2,00

Vue par derrière

1,200
100

Coupe AB

1,300
0,80

Echelle de 0.^m05 p mètre

Pl. 67.

Clôtures en fil de fer

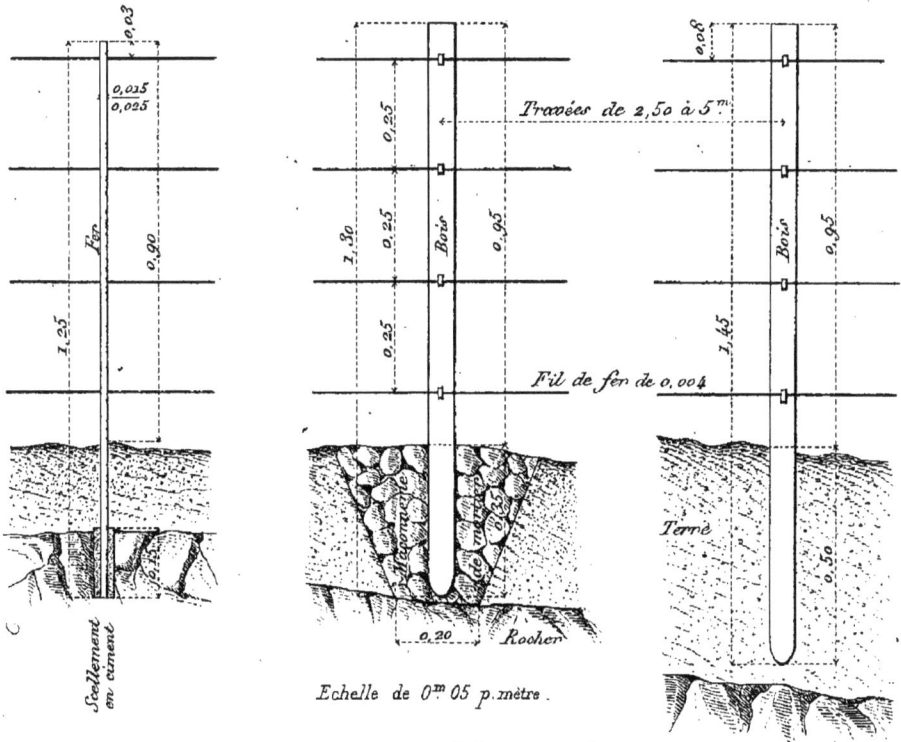

Fer

1,25   0,90   0,015   0,025   0,03

Scellement en ciment

Travées de 2,50 à 5ᵐ

1,80   0,25   0,25   0,25   Bois   0,95

Fil de fer de 0,004

0,20   Rocher

Echelle de 0ᵐ 05 p. mètre.

0,08

1,45   Bois   0,95   Terre   0,50

Garde-corps pour maison de garde   Profil

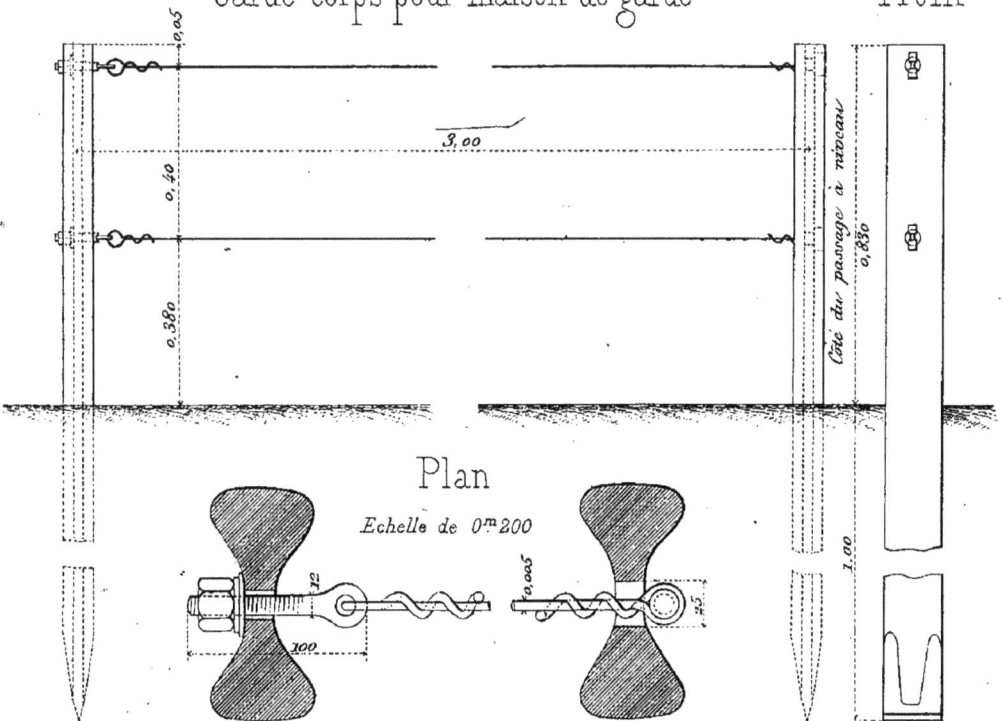

0,05

3,00

0,40

0,380

Côté du passage à niveau

0,850

1,00

Plan

Echelle de 0ᵐ200

100

12

0,005

25

Pl.68.

Dimensions et Pas des écrous

Ecrou fort

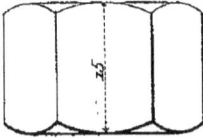

Ecrou ordinaire

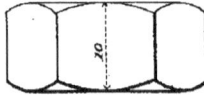

Ecrou faible

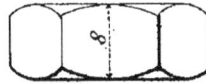

Plan

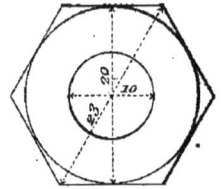

Diamètres des tiges taraudées	Pas des taraud.	Diam. intérieurs des écrous	Diam. inscrit. des écrous	Diam. circonscrits des écrous	Hauteurs des écrous		
					Forts	Ordin^re	Faibles
40^mm	4^mm	40^mm	65^mm	75^mm	60^mm	40^mm	30^mm
35	3 ½	35	60	69	52	35	24
30	3	30	50	57 ½	45	30	20
25	3	25	45	52	37	25	17
22 / 23	2 ½	22 / 23	40	46	34	23	15
20	2 ½	20	35	40 ½	30	20	14
18	2	18	30	34 ½	27	18	12
12 / 15	1 ½ / 2	12 / 15	25	29	22	15	10
10	1 ½	10	20	23	15	10	8

Observations

Les forts et les faibles écrous ne devront être exécutés que d'après une commande spéciale.

Quand une tige devra avoir deux écrous superposés, l'écrou supérieur devra avoir la même hauteur qu'un écrou faible.

L'épaisseur de la tête des boulons devra être égale aux trois-quarts du diamètre de la tige.

Pl. 69.

POTEAUX

de Pentes et Rampes

Kilométrique

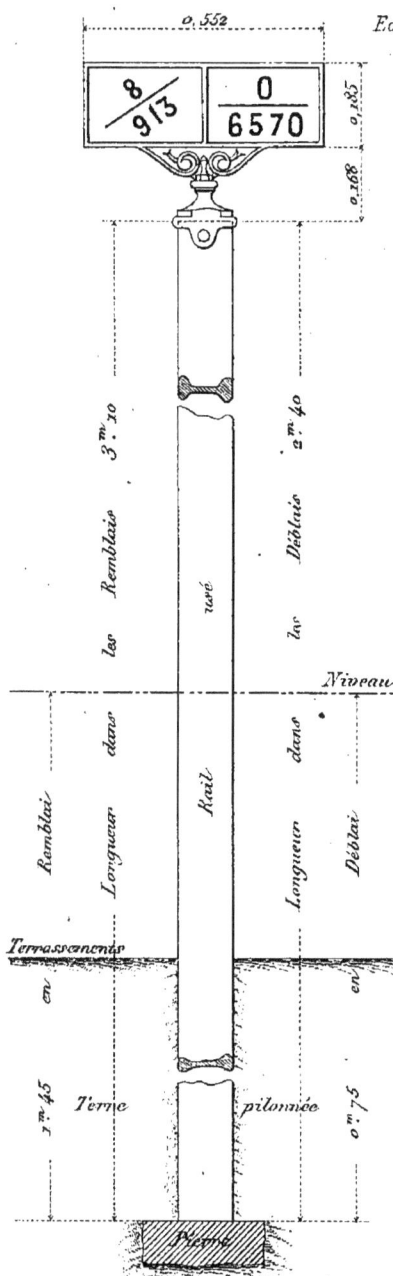

Echelle de 0ᵐ05 p.mètre

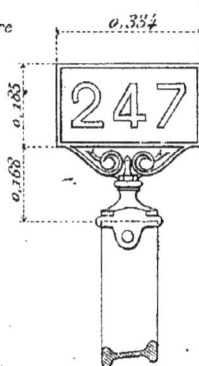

Hectométrique

Echelle de 0ᵐ10 p mètre

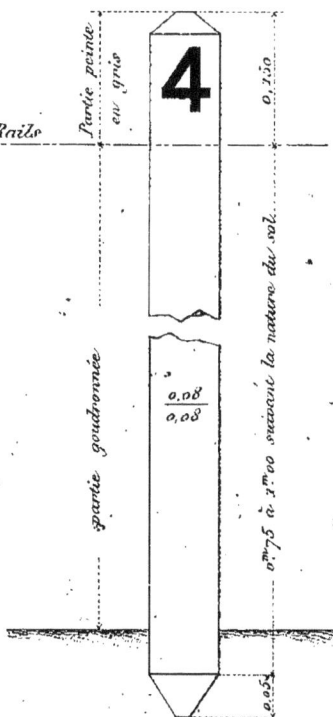

Niveau des Rails

Nota : Les poteaux recevront une 1ʳᵉ couche de minium.
Le fond du tableau sera peint en bleu d'outre-mer foncé.
Le contour et le reste en vert foncé.
Les chiffres et les lignes qui les séparent en blanc.

Nota : Les poteaux hectométriques seront placés
sur l'axe du chemin de fer, et les numéros
inscrits sur les 2 faces perpendiculaires à
cet axe.

Pl. 70.

POTEAUX

de Ralentissement

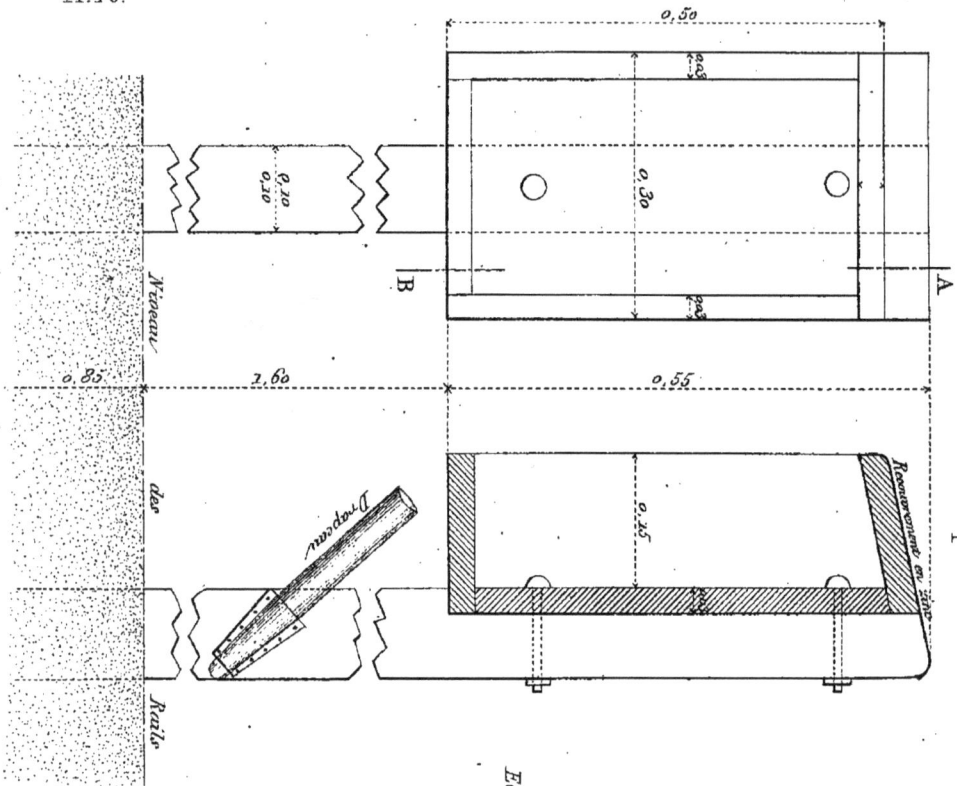

0,50

0,30

Niveau   des

0,85   1,60   0,55

Coupe A B

D'trapeau

Recouvrement en Zinc

0,65

Rails

Echelle de 0ᵐ1 p.mètre

de Canton

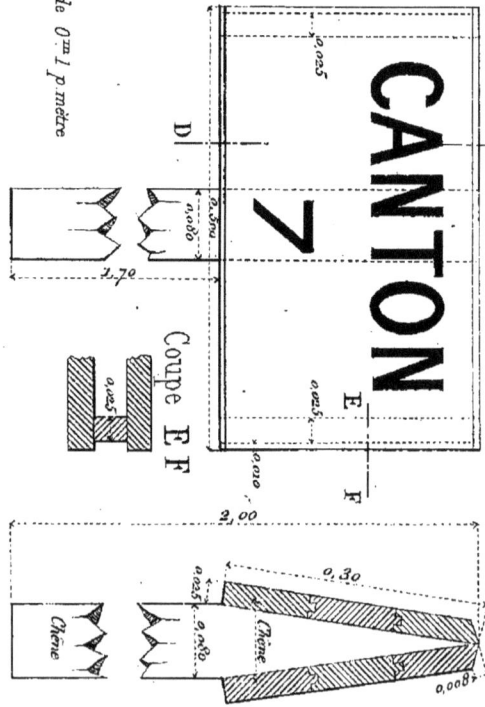

CANTON

7

Coupe E F

Coupe C D

Chêne   Chêne

2,00   0,30

0,008

de limite de protection de Disque

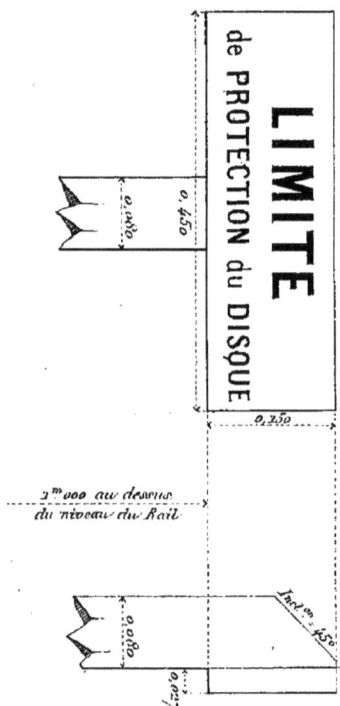

LIMITE
de PROTECTION du DISQUE

0,450

0,250

0,080

0,027

2ᵐ000 au dessus
du niveau du Rail

Pl. 71

GRUE FIXE A PIVOT FIXE
Système à Chaîne Galle
Force : 1000 K^{os}

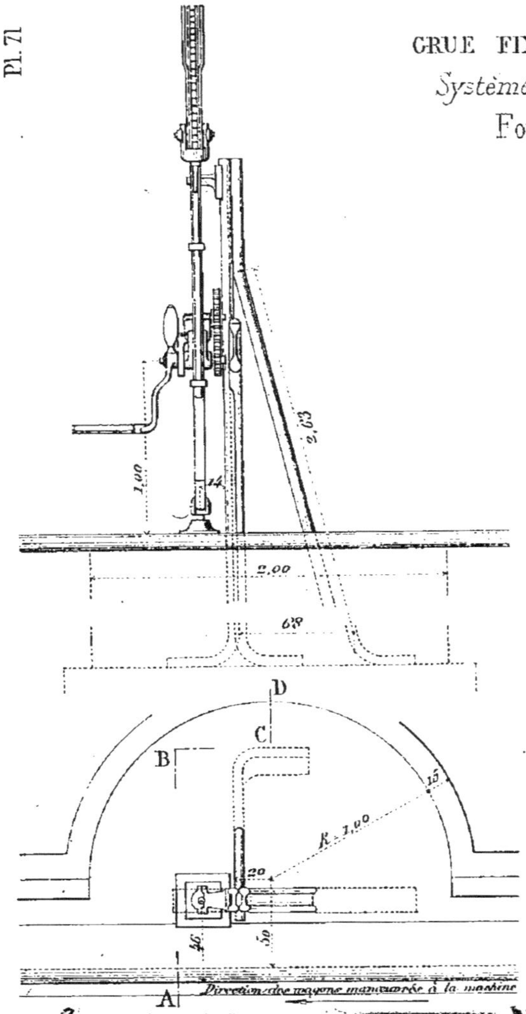

Coupe des fondations
suivant ABCD

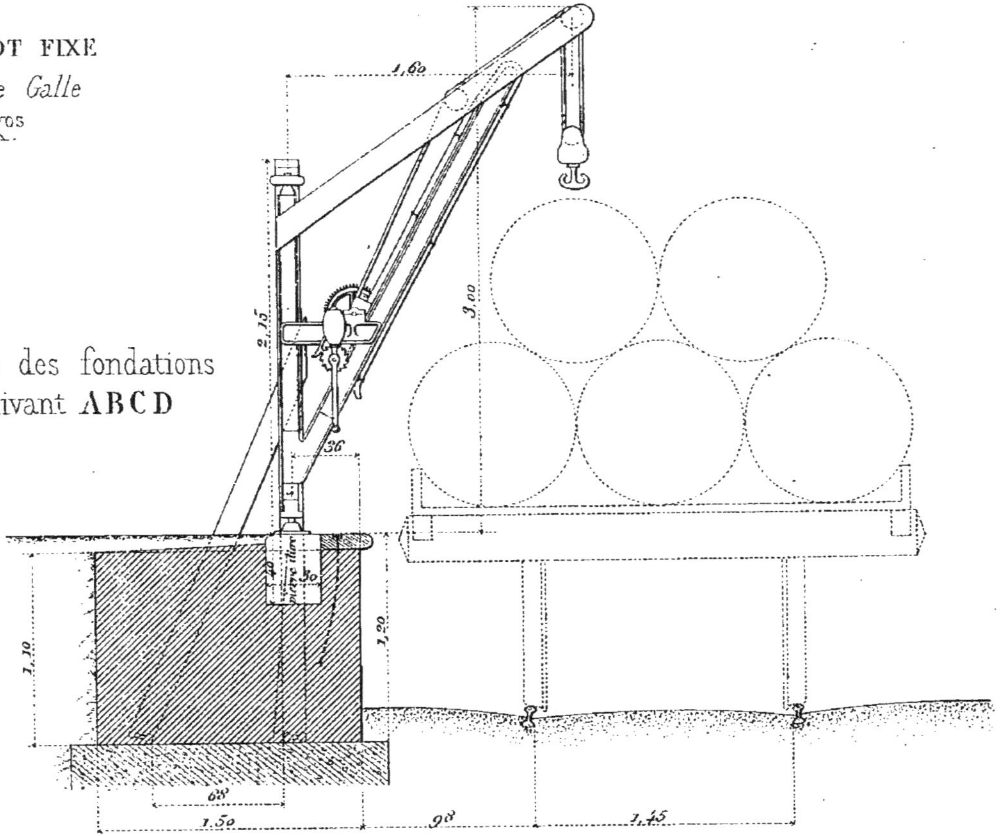

Nota. Il faut avoir soin de bien laisser sécher les maçonneries avant de monter la Grue
Cette Grue sera, suivant la direction, du manœuvres à la machine, établie à droite
ou à gauche du poteau.

Echelle de 0^m 02 p. mètre

1,00
2,03
2,63

1,10
1,50
1,20
0,90
1,45
2,15
3,00

pierre dure

Pl. 72.

GRUE FIXE A PIVOT FIXE
Système à chaine Galle
Force 6000 K^os

Echelle : $\frac{1}{60}$

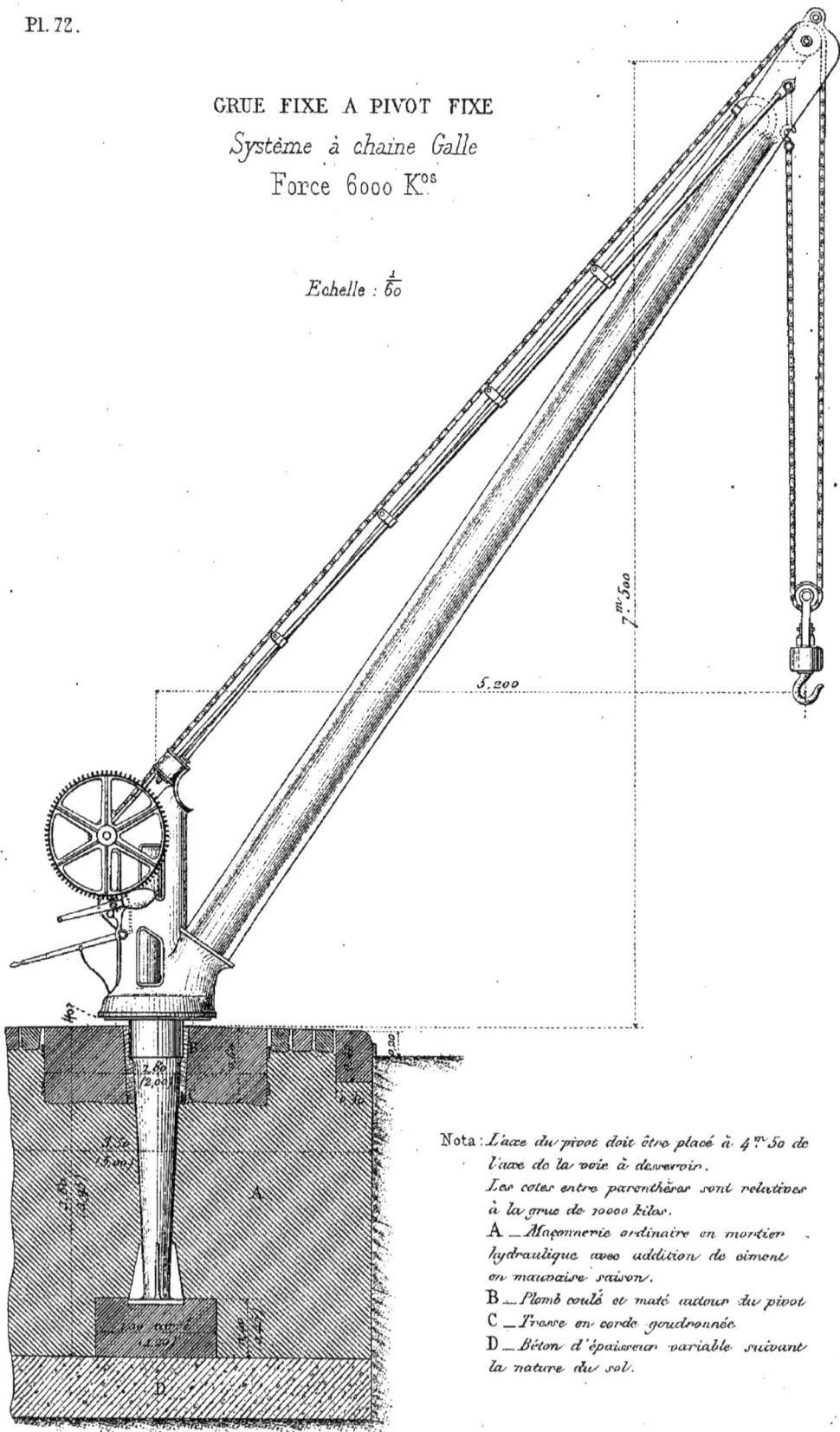

7^m.500

5.200

Nota : L'axe du pivot doit être placé à 4^m.50 de
l'axe de la voie à desservir.
Les cotes entre parenthèses sont relatives
à la grue de 10000 kilos.
A — Maçonnerie ordinaire en mortier
hydraulique avec addition de ciment
en mauvaise saison.
B — Plomb coulé et maté autour du pivot
C — Tresse en corde goudronnée
D — Béton d'épaisseur variable suivant
la nature du sol.

Pl.73.

MÂT-SIGNAL MANŒUVRÉ A GRANDE DISTANCE.

Levier de manœuvre

Poulie du mât

Elévation

Elévation

Echelle de 0,05 p. mètre

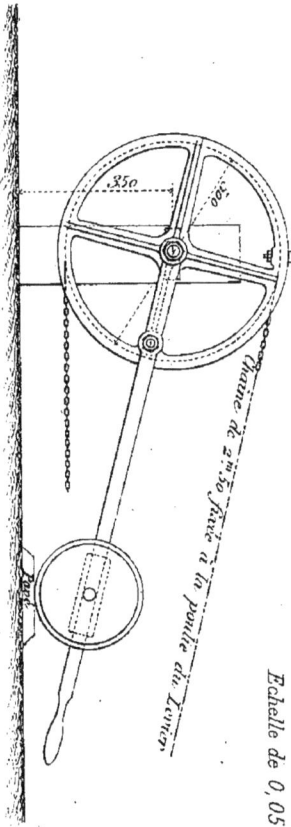

350

200

Chaine de 2ᵐ50 fixée à la pointe du Levier

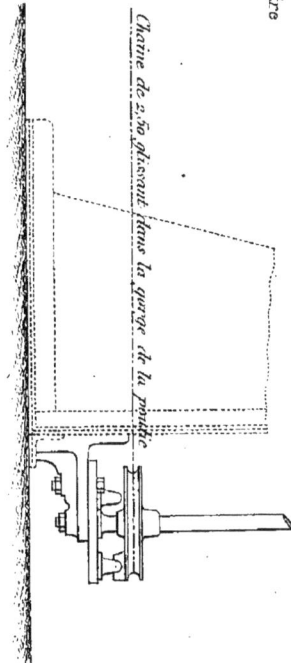

Chaine de 2.50 glissant dans la gorge de la poulie

Plan

1.200

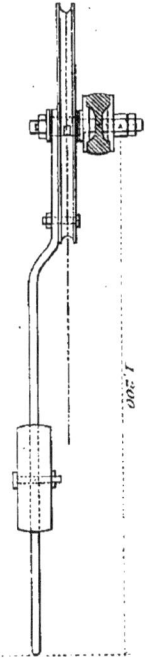

Plan

Plan

1.200

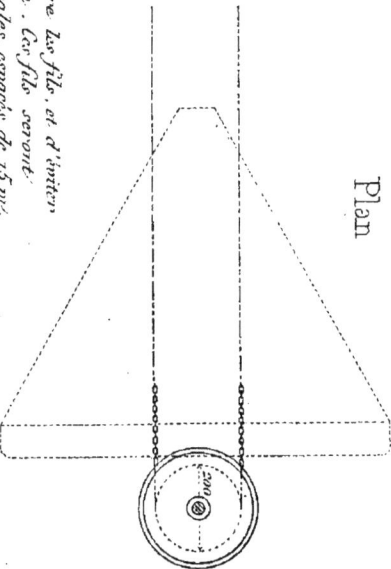

2.000

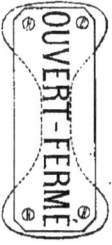

OUVERT - FERMÉ

Nota: Il est nécessaire de ne pas trop tendre les fils, et d'éviter
autant que possible, les retours d'équerre. Les fils seront
soutenus par des supports à poulies verticales, espacés de 15 m.

Pl.74.

CONSOLIDATION DES CRAMPONS DE LA VOIE VIGNOLE

Echelle de 0,20 p.mètre

Coupe par AB.

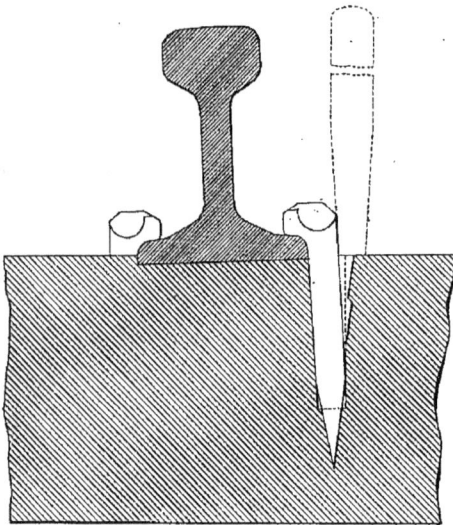

Chasse - coins

en acier trempé

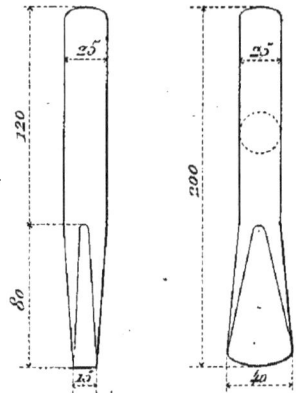

Plan

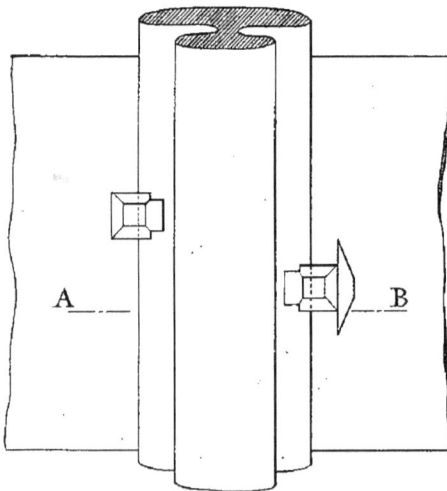

A _____   B

Coin

Echelle de 0,50 p.m.

Elévation   Profil

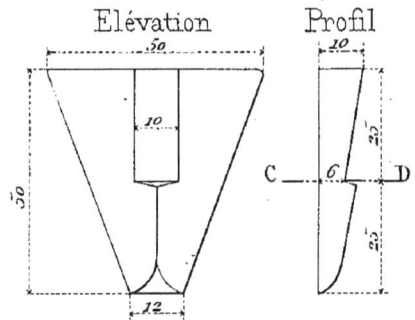

C _____ 6 _____ D

Vue en dessous   Coupe CD.

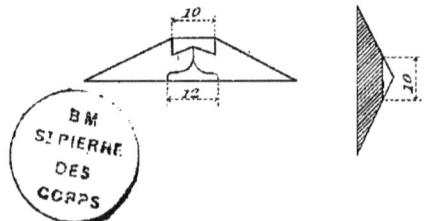

BM
S! PIERRE
DES
CORPS

Nota: *Le coin ne doit servir qu'à consolider les crampons renversés. On ne doit l'enfoncer qu'après s'être assuré de l'écartement de la voie, et du contact des crampons et du rail.*

Don Georges DEROY , chef de section "Voie et bâtiments" à Tours de 1946 à 1952 , 2000

Voie : réseau exploité :
Carnet de types d'appareils
outils et installations
diverses

CHEMIN DE FER D'ORLEANS

Impr. Nea. (1873?)

Chemin de fer : F. : 1873-1879
Réseau ferroviaire : Paris Orlé
génie civil

T 8 K
In 12° / 70